创新视角下
科技类人才评价指标与体系构建研究

陈 敏 / 著

企业管理出版社
ENTERPRISE MANAGEMENT PUBLISHING HOUSE

图书在版编目（CIP）数据

创新视角下科技类人才评价指标与体系构建研究 / 陈敏著. — 北京：企业管理出版社，2024.4

ISBN 978-7-5164-3059-0

Ⅰ.①创… Ⅱ.①陈… Ⅲ.①技术人才—评价—研究—中国 Ⅳ.① G316

中国国家版本馆 CIP 数据核字（2024）第 077326 号

书　　名：	创新视角下科技类人才评价指标与体系构建研究
书　　号：	ISBN 978-7-5164-3059-0
作　　者：	陈　敏
策划编辑：	蒋舒娟
责任编辑：	蒋舒娟
出版发行：	企业管理出版社
经　　销：	新华书店
地　　址：	北京市海淀区紫竹院南路17号　邮编：100048
网　　址：	http://www.emph.cn　电子信箱：26814134@163.com
电　　话：	编辑部（010）68701661　发行部（010）68701816
印　　刷：	北京虎彩文化传播有限公司
版　　次：	2024年4月第1版
印　　次：	2024年4月第1次印刷
开　　本：	710mm×1000mm　1/16
印　　张：	10印张
字　　数：	152千字
定　　价：	68.00元

版权所有　翻印必究·印装有误　负责调换

前 言

科技是第一生产力、人才是第一资源、创新是第一动力,创新型科技类人才是集"三个第一"为一体的重要主体。展望 21 世纪,科技创新逐渐成为影响全球经济发展与竞争格局的重要变量,各国政府由于竞争需求,都在积极调整自身发展战略,将科技创新作为推动经济发展、社会进步、国家安全的重要措施,而创新科技类人才作为推动国家科技创新的基石,其评价指标与体系构建,不仅是人才发展的基本制度,还是深化科技体制改革的重要内容,对培养高水平创新科技类人才队伍、产出高质量科研成果、营造良好的创新科技环境至关重要。因此,构建创新视角下科技类人才评价指标与体系,是落实我国创新驱动战略,建设创新型国家、发展创业型经济、引导科技人才职业发展的内在生产力。

本书在简述创新型科技人才定义及典型特质、基于创新型科技人才培养评价实践与理论研究、我国科技人才评价相关政策及要求的基础上,围绕专业技术、技术技能、社会生产生活服务等人员,分析创新型科技人才职业类型及能力特征,并从创新型科技人才基础评价内容及过程、创新型科技人才评价指标要素入手,构建创新型科技人才评价体系。同时,在提出创新型科技人才评价体系运用难点及应对策略的基础上,本书以上海、山东、深圳、湖北、四川、南京等地区为基础,分析面向创业创新需求的创新科技人才评价应用案例。笔者希望本书能略为相关理论发展做出一点贡献。

本书的撰写得到各级领导、同事及业界同人的大力支持,本书的顺利出版也得益于温州大学商学院对学术专著的大力支持,在此,向他们表示感谢。同时,向我的家人表示衷心的谢意,感谢他们对我写作的大力支持、理解和关怀;为了让我安心写作,他们分担了家庭的大部分重任,我所取得的每一点进步，都凝聚着家人的付出。感谢本书引用的所有文献的作者，正是他们丰富的研究成果，为本书撰写奠定了基础。最后，感谢出版社的领导和编辑，本书的顺利出版离不开他们的辛苦付出。

  本人才疏学浅，书中定会存在不足和欠缺之处，诚恳希望广大读者批评指正，不吝赐教。

陈　敏

二〇二四年一月

目 录

第一节　创新型科技人才定义及典型特质 / 1

　　一、创新型科技人才定义 / 1

　　二、多元产业创新科技人才典型特质 / 4

第二节　基于创新型科技人才培养的评价实践与理论研究 / 7

　　一、人才评价研究历史与主要成果 / 7

　　二、科技人才评价理论研究 / 9

　　三、国际视域下创新型科技人才评价研究 / 13

　　四、我国创新型科技人才评价研究 / 16

第三节　我国科技人才评价相关政策及要求 / 20

　　一、人才评价政策的变迁特征 / 20

　　二、人才评价政策的变迁动力 / 26

第四节　创新型科技人才职业类型及能力特征分析 / 32

　　一、专业技术人员中的科技工作者 / 32

　　二、技术技能人员中的科技工作者 / 36

　　三、社会生产生活服务人员中的科技工作者 / 42

第五节　创新型科技人才基础评价内容及过程探赜 / 44

　　一、创新型科技人才评价准则 / 44

二、创新型科技人才评价主体方式 / 48

三、创新型科技人才评价主要过程 / 56

四、创新型科技人才评价应用保障 / 63

第六节　创新型科技人才评价指标要素 / 73

一、指标开发原则 / 73

二、科技人才创新能力评价指标构成 / 75

三、不同职业类型创新科技人才指标趋同性 / 82

第七节　创新型科技人才评价体系构建 / 84

一、创新型科技人才评价体系权重的确定 / 84

二、创新型科技人才评价体系理论模型构建 / 96

三、创新科技人才评价指标体系分析——以应用研究类的科技人才为例 / 97

第八节　创新型科技人才评价体系运用难点及应对策略 / 103

一、创新型科技人才评价体系运用难点 / 103

二、创新型科技人才评价体系应用优化对策 / 107

第九节　面向产业创新需求的创新科技人才评价体系应用实践案例 / 116

一、科技人才评价体系改革——上海经验 / 116

二、科技人才评价体系改革——山东经验 / 120

三、科技人才评价体系改革——深圳经验 / 125

四、科技人才评价体系改革——湖北经验 / 128

五、科技人才评价体系改革——四川经验 / 131

六、科技人才评价体系改革——南京经验 / 134

第十节　基于政策要求、产业发展导向的创新型科技人才评价发展趋势 / 138

　　一、细化分类：四类科技人才分开"评" / 138

　　二、形成合力：构建行业特色的人才评价体系 / 143

第十一节　研究结论与展望 / 148

　　一、研究结论 / 148

　　二、研究启示与建议 / 149

　　三、研究展望 / 150

参考文献 / 151

第一节
创新型科技人才定义及典型特质

一、创新型科技人才定义

（一）创新型科技人才

创新型科技人才在科学技术领域中能够不断开拓、探索新的领域，推动科学技术的发展和进步。因此，创新思维、创新能力、创新精神是创新型科技人才具备的主要特征。随着科学技术的发展，在不同时代背景下，创新型科技人才的品质及定义都存在差异。下文是对创新型科技人才定义范围的相关解释。

1. 从事自然科学领域研究工作的人才

自然科学领域研究人才是在生物学、化学、地球科学、物理学等学科进行基础和应用研究的专家。他们须具备深厚的理论基础、实验技能、创新思维和问题解决能力，同时需要团队合作和关注社会需求。他们的工作对人类社会进步有重要意义。所以，笔者认为自然科学是创新型科技人才集聚的核心领域。

2. 从事研究、开发、发明等工作的人才

从事研究、开发、发明等工作的人才，具备高度的专业知识和技能，能够深入地研究、探索新的科技领域，并创造出具有重要价值的科技成果。此外，创新型科技人才能够"科学"认识方法、遵循科学方法规范，进而通过观察、调查及实验等方式发现事物之间的联系，以此形成新的方法、知识、产品、技术等，能够为人类认识世界增加新的成果内容。

3. 创造新理论、新技术、新产品的主力军

从目前取得的科技成果来看，无论是科技论文发表数量还是研发成果数量，近几年均处于增长趋势，但存在科技论文质量欠佳、缺少发明专利等问题。另外，创新型科技人才是新理论的创造者、是新技术的发明者、是新产品的开发者，是推动社会进步的重要力量。因此，我国需要创新型科技人才填补空白领域及创新能力薄弱的领域。

（二）创新型科技人才的特质

1. 创新意识

创新意识体现在创新型科技人才在创造活动中表现出的愿望、意向、设想。它是创新型科技人才意识活动中的一种积极的、富有成果性的表现形式，是创新型科技人才进行创造活动的出发点和内在动力。

2. 创新精神

创新型科技人才的精神是多元化的，它涵盖了好奇心、探索精神、独立思考、自我驱动等方面。这种精神是推动科技进步和创新发展的关键。

3. 创新知识

创新知识是创新型科技人才能否取得创新成果的关键，需要创新型科技人才不断地获取、积累和应用。

4. 创新能力

创新型科技人才善于在自身擅长领域中发现新现象，提出新问题，并利用自身具备的创新思维、理论与实践融合的创新能力和锲而不舍的创新精神进行钻研，并且往往能取得较好的研究成果。

5. 奉献精神

创新型科技人才的奉献精神体现了其对国家和人民的忠诚和服务，对科技创新的热爱和追求，对个人价值的认识和实现，是推动科技创新和国家发展的重要动力。

6. 科技素质

创新型科技人才具备扎实的科学基础、探索精神和求知欲、分析思维力

和判断力、团队协作和领导能力以及跨学科综合能力等科技素质。这些素质让他们在科技创新中取得突破，推动科技进步。

（三）创新型科技人才的分类——以科技创新成果的质量分类为例

根据创新型科技人才的研究成果质量划分，创新型科技人才可以划分为杰出型创新人才、领军型创新人才和骨干型创新人才。

1. 杰出型创新人才

杰出型创新人才是在某一领域或多个领域中，具备超卓的创新思维、能力和素质，能够为人类社会带来重大贡献的人才。这类人才往往具备创新思维、创新能力、广泛涉猎、跨界合作、坚持不懈等能力和品质，并且获得过较高水平的奖项，如诺贝尔奖、国家自然科学奖。

2. 领军型创新人才

领军型创新人才是在某一领域具有领导才能和创新能力的人才。领军型创新人才的评价标准：首先是自主创新能力较强，具有创造性的研究成果，在创造新知识、开发新技术及开发新产品中发挥关键作用；其次能够引领其他人才，能够掌握本学科基础知识，对领域发展具备分析趋势的能力；最后是具备育人的能力，领军型创新人才必须拥有一支优秀团队，而且这个团队具备可持续发展的能力。

3. 骨干型创新人才

骨干型创新型人才是具备创新思维、实践能力和综合素质的高端人才，他们能够驱动技术创新和产业创新，能够解决区域经济支持产业，并且在特色产业中能够发挥重大、关键的作用，推动社会进步和经济发展。这些人才通常具备创新思维、学习能力、专业知识、团队合作、身体素质、创新能力、实践能力和领导力等。

综上所述，杰出型创新人才、领军型创新人才和骨干型创新人才在不同层次和领域中发挥各自的作用，取得不同层次的创新成果，共同推动社会进步和经济发展。对于不同类型的人才，需要采取不同的培养和管理方式，以激发他们的潜力和创造力。

二、多元产业创新科技人才典型特质

多元产业往往结合不同产业特点，呈现出强创新型、多样化的产业形态。相关研究表明，多元产业已经成为促进经济增长的新引擎，得到各国政府的高度重视与支持。此外，一些国外研究表明，多元产业是促进创新和创业的有效途径。其中，美国电子商务和数字娱乐产业发展迅速，逐渐成为多元产业的重要组成部分；欧洲政府通过制定相关政策、提供资金支持等手段，快速发展多元产业。

推动产业结构多元化发展和转型的核心动力是创新型科技人才。从宏观角度看，创新型科技人才应具备敏捷的创新思维、深厚的知识储备、崇高的科学信仰、强烈的团队合作精神等特质。此外，创新型科技人才与一般员工相比，在性格特征、工作方法和心理特点等方面存在显著区别。在一般情况下，创新型科技人才通常是年轻、受过良好教育，能够负责多项任务，并且难以评估工作成果和价值的人才。

基于社会经济和科技研究发展需求，多元产业创新科技人才应具备以下特质。

（一）素质能力特质

创新型科技人才在多元产业中应具备扎实的基础知识、灵活的思维方式以及敏锐的洞察力。信息化的发展，要求多元产业创新科技人才掌握本学科的专业基础知识，掌握新的科学成就和发展趋势，同时能够快速更新专业知识、持续加强个人能力，并具备整合知识的能力。另外，创新灵感和想法来源于长时间对某一问题的深思熟虑，因此要求多元产业创新科技人才具备灵活变通的思维方式，不局限于思维模式，勇于挑战和否定权威，并且能够通过科学实验验证自身设想，寻找新的发展方向。

（二）心理特质

多元产业创新人才是在不同领域创新的人才，成功与否不仅取决于其技术和专业能力，同时也取决于其心理特质。因此，创新型科技人才应具备以下心理特征。一是具有持久追求科学创新的态度。基于此，多元产业创新人才确定追求某个目标，就会付出努力争取成功，并且为了实现自身发展目标，能够在任何环境下保持热情和积极态度。二是具有独立人格。创新型科技人才应具备独立思维能力和解决问题能力，即使在没有组织和资源的支持下，他们依然能够发挥自己的能力。三是达成自我目标的强烈意愿。这种意愿不仅体现在职业和生活方向性上，还应该在工作和生活中有所体现，具有明确职业规划和发展目标，并且为此不断努力奋斗，这会使他们充满积极的生活意义和目的感。

（三）行为特质

首先，多元产业创新科技人才拥有无边界的工作行为特质。相比于传统的工作模式，他们不再受限于时间和空间，可以自主调控自身工作的时间和空间，工作灵活性大大增加。互联网和数字技术的发展，让其可以在线协作和远程工作，实现了工作不受空间和时间限制的目标。其次，多元产业创新科技人才具备出色的人际交往能力，能够不断扩大社交圈子，能够接纳各种不同的观点和文化，即便这些观点和文化与他们本身经验或知识领域不同。此外，他们具备卓越的沟通能力，在表达和展示自己想法、观点方面表现出色，能够有效协调工作，从而达到团队最优协作效果。最后，多元产业创新科技人才通常具有高度的社会责任感，积极参与解决社会现实问题。

（四）绩效特质

绩效特质、心理特质、素质能力特质、行为特质被称为绩效评价的四大特质。其中，绩效特质也是区别创新型科技人才和普通科技人才的重要指标。美国《创新杂志》认为产生新的工艺以及创造新的产品是采用已有的知识创造。这个成就是指新发现、新突破以及新的原理等等[1]。

具有重大价值的研究是指创造的科研成果可以填补国内或国外空白领域并且带来一定的经济效益、社会效益。例如：袁隆平研发的杂交水稻可以解决亿万人的温饱问题，为人类做出巨大贡献；进行临震预测研究的钱复业及赵玉林，发现地震的变化规律，且规律在多次地震中得到验证。这些都属于重大的创新成果绩效。

赵传江（2002）认为创新型科技人才还应该具备创新的欲望，主要表现在怀疑心理、创新的兴趣、创新意识等等[2]。王广民、林泽炎（2008）表示具备创新思维、技术实力和研究方向的创新型科技人才，还应拥有独特的观察视角和深入的思考能力，同时采取科学的研究方法，以实现创新的成果[3]。根据王亚斌等（2009）的观点，创新型科技人才应具备四个特质：首先是持续学习，积累新知识；其次是好奇心强，勇于探索；第三是敢于挑战，不拘泥于传统；最后是能够将创新思维转化为实际成果[4]。周昌忠（1983）认为创新型科技人才的基本特质包括深厚的知识储备、强大的思维能力、高水平的智力、人格特质等[5]。

创新型科技人才属于综合型的人才，张敏（2007）提出创新型科技人才不仅仅需要良好的思想道德素质、科技素质、人文素质、心理素质以及身体素质，还应该具有创新意识以及创新能力[6]。

总之，一名多元产业创新科技人才，需要具备广泛的科技领域知识储备、敏锐的创新思维、多方面的技能素质、团队合作和拓展交际能力、持续地学习和成长、主导产业发展能力、全球化视野等多项特质。他们必须持续地提升自己，随市场和产业的变化而进一步完善自己的技能和素质，以推动多元产业的创新发展，为企业、行业和社会做出积极贡献。

第二节
基于创新型科技人才培养的评价实践与理论研究

一、人才评价研究历史与主要成果

（一）人才评价的研究历史

尽管早些年前我国就在《中华人民共和国科学技术进步法》里对科技人才的划分、评价做出了具体说明，同时规定了相关的配套政策，可是制度文件的规定只是最终形成人才评价体系的第一步，显然还未达到预期。具体来说，仍存在规定不够细化、层次及深度不足等问题。此外，我国科技人才评价体系及奖励政策比较单一，评价人才的体系只有职称评聘，人才奖励方式以政府奖励为主。长此以往，传统人才评级及激励制度弊端越来越多。基于此，我国在科技人才评价体系和激励方式中探索出了新层面。

我国在2003年发布了《关于改进科学技术评价工作的决定》（国科发基字〔2003〕142号）；在人才评价方式中，我国又将人才的能力和工作成效作为人才评价的重要指标。此后，我国的人才评价体系开始趋于社会、科学发展。为进一步完善科学研究成果评价体系和科技成果制度及奖励制度，2006年，中华人民共和国国务院出台了《国家中长期科学和技术发展规划纲要（2006—2020年）》。该政策明确提出建设人才规律多元化考核评价体系，与之前政策相对比，虽然有具体措施，但实际操作不够细化。

从2015年开始，我国开始了一系列科技体制改革，旨在到2020年完成143项改革任务。2018年，中共中央办公厅和国务院办公厅发布了《关于深化项目评审、人才评价、机构评估改革的意见》，这是推进我国科技评价制度健全的重要措施。在这个背景下，科技人才评价的改革从重视主观评价转向更注重学历和资质，从单纯注重论文成果转向更注重社会化的评价和贡献。具体来说，科技人才评价的改革包括以下几个方面。首先，科技人才评价开始重视科技人才成果的质量、贡献和影响，而不仅是数量或形式。这表明我国正在推动科技人才评价从数量向质量转变。其次，科技人才评价开始重视人才品德、能力和业绩的考核。这意味着评价科技人才时，不仅要考虑他们的学术成就，还要考虑他们的道德品质和实际工作能力。此外，为了优化人才结构，还提出了重视科技人才成果质量、贡献、影响、人才品德、能力及业绩的评价标准。这表明我国正在发展科技人才评价的多元化和全面性。最后，开展了"唯学历、唯论文、唯职称、唯奖项"的清理活动，以进一步推动科技人才评价的改革。这一活动意味着科技人才评价机制正在向更加科学、更加客观和更加公正的方向发展。

（二）人才评价的研究成果

针对科技人才评价的复杂性，评价人才的过程中，评价主体应该使用多层次、广分类的评价方法。评价可以从纵向深度和横向广度两个维度进行划分。纵向评价就是从深度出发，人才可划分成三个层次：高层次包括两院院士、长江学者等；中层次主要包括各省、各市及各个地方的科技人才；最后即高等院校、优秀企业的专业人才。横向评价是从广度出发，根据不同层次、不同领域进行分类评价。

胡豫（2020）认为，对人才进行分类评价的核心就是"干什么、评什么"，不能用一把尺子去评价所有人，需要让评价更加多元化，更加贴合实际工作[7]。杨月坤（2018）研究后提出多元化评价也是创新型科技人才评价体系的特征之一，在遵循多样化评价的基础上，区别使用创新型科技人才评价的主体、对象、方法和标准。多样化的创新型科技人才评价体系可以增加人才评价体系的提质率[8]。利用多元化评价方式，根据不同人才类型、岗位需求等采取不同的科技人才评价方式，提高对人才评价的全面性和精准性。

二、科技人才评价理论研究

（一）科学层次评价理论

基于科技人才评价的必行趋势，首先就要考虑科技人才评价具体要"评什么""怎样评"。因此，科技人才评价理论应该以科学精神、科学规范、科学成果等为研究方向，为科技人才评价内容提供科学依据。

1. 确立科学精神

与物质文明相比，精神文明更加重要。例如，古希腊的精神文明对近代社会产生巨大影响，他们热爱自由和生活，不甘屈服暴君统治，崇尚理性，在丰富的精神文明背景下，创造出诸多科学奇迹。希腊精神源自古希腊人，可以抛开神话和宗教力量的干扰，在实际生活中感受到事物发展是有迹可循的。此外，从泰勒斯提出"水是万物之源"到亚里士多德的"四因说"，虽然它们被认为存在缺陷，但仍为人类认识客观世界做出贡献。

在理性情感基础上，古希腊时期哲学家客观探索世界。其中泰勒斯专注研究星空而掉下井坑，诠释了其对自然、科学研究的痴迷程度，说明科学探索道路不是一帆风顺的，而是充满曲折和艰难的。正因为他们对知识充满崇拜，才促成一次次的科学奇迹。例如，达尔文（1859）历时多年走遍地球的大部分地区，并根据这期间对动物、植物、地表地质的研究，编写了科学史上的杰作《物种起源》[9]。由此可见，对科学富有热情、不畏艰险、勇于尝试和挑战等是科技工作者应该具备的基本素质。此外，科学活动并不是单纯的认知探索，而是与社会发展紧密联系的社会行为。所以，不问世事而专注科研是不可取的。换言之，评价内容是评价科技人员个人能力与素养是否符合社会价值观念及道德标准的价值取向。

科学精神解说见表2-1。

表 2-1 科学精神解说

科学精神	具体内涵
执着探索精神	在活动中，深知目标明确的重要性，同时也相信自身能力。在此基础上，以持之以恒的决心去追求目标，不断努力直至成功
理性精神	从经验上升到理论层次认识，坚持理性原则
求实、求真精神	正确反映客观事实，维护真理，并且同独断、虚伪作斗争
怀疑、批判精神	不相信权威，保持理性、实证的怀疑精神
协作、开放精神	科学无学界，协作是当今时代的重要工作方式
科技理论	有利于人类和自然发展，不应违背社会伦理

由表 2-1 可见，科学精神实质上是自觉树立和遵守价值和伦理观念的集合，由客观发展规律、科学系统发展、社会需求共同来决定。

2. 科学规范解析

科学社会学的奠基人——默顿（Robert King Merton）在其著作《科学的规范结构》中对科学规范四要素进行阐述。科学规范四要素分别是普遍性（Universalism）、无私性（Disinterestedness）、组织性质疑（Organized Skepticism）、公有性（Communism）（见图 2-1）。

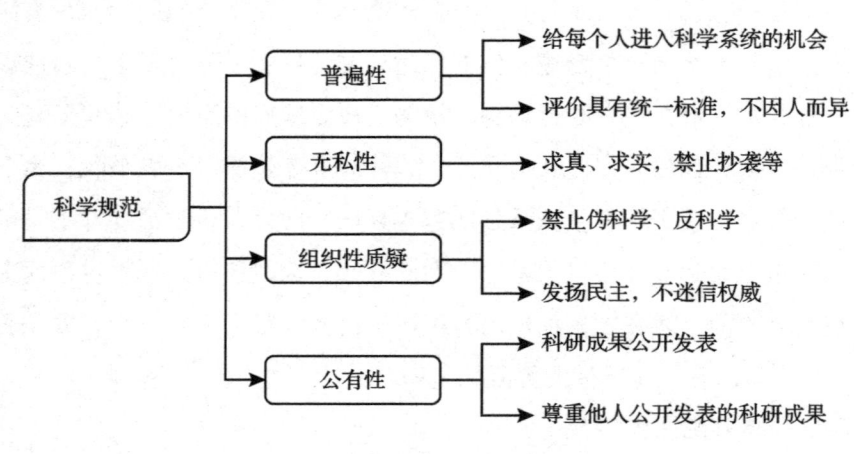

图 2-1 科学规范解析

首先，科研成果不论价值大小，评价科研人员的标准都应是统一的。

其次，科研人员应该积极将研究成果公之于众，并对他人的发现保持尊重。

最后，科研人员要为科学技术突破而研究，并不是一味地违背规范、恶意竞争。因此，在科学探索中，我们必须坚决反对任何形式的剽窃、抄袭、造假等不端行为。

综上所述，科学评价活动不受批评者地位、身份等影响，科学规范形象应是无私、中立且公平的，所以在评价过程中，评价主体需要秉持民主精神，敢于同伪科学、反科学等行为作斗争。

3. 科学成果

科技人才应当坚持追求真理、注重实证、尊重事实的科学态度，不断探索和发现新的科学原理和技术方法。同时，他们还应该保持对知识的敬畏之心，遵守学术道德和职业规范，避免学术不端行为和技术滥用。

（二）技术层次评价理论

1. 制定科技伦理准则

为了确保科学技术工作者在日后研究工作中取得优秀成就，推动科学技术发展，科技伦理准则亟须制定，引导科学技术工作者的思想和行为方式沿正确轨道发展。而在科技伦理准则制定中，需将科学精神放在首要位置，树立科学精神不仅是科研工作者首先面对的问题，也是科研工作者融入科学共同体意识并向科学家角色转变的第一步，所以科研工作者的求知欲、奉献精神、批判精神、团队精神都是科技伦理准则中的重点内容。

另外，在科学与社会紧密交织的时代，科研工作者在研究过程中往往受到各种外部因素的制约，这使得他们无法完全自由地探索。所以，科研工作者要恪守价值观和道德观，以此确保科学技术成果对社会产生价值与意义。换句话说，高价值发明违背了造福人类的原则也不会被看成伟大发明，其创造主体也无法被社会承认和尊崇。例如，诺贝尔化学奖获得者弗里茨·哈伯在第一次世界大战中研制毒气弹，且毒气弹被投放战场，即便他曾被誉为"从空气中生产'面包'的科学家"，也无法改变他在战场上犯下的罪行。此外，在社会发展背景下，科技理论标准的制定应从以下几个方面考虑。

一方面，人类如果凌驾于自然之上，对自然肆意破坏，最终导致的后果会反噬人类并使人类付出沉重代价。换句话说，科技发展不是以"控制和战胜大自然"为目的，而是强调科技发展对人类的贡献。另一方面，以克隆羊为代表的生物基因研究虽然具有划时代意义，但是其潜在的违背伦理、道德的技术特征也需要引起大家的高度重视，因此在技术探索的过程中将生命伦理与技术价值等同考虑，才能确保技术成果对人类社会发展的正向带动价值。

2. 建立科技奖励制度

当新技术的独特性通过特定的技术形式展现出来后，相关科研人员首先希望研究成果得到认可，正如弗朗西斯·培根所说："若是人们在科学园中努力和劳动却得不到报酬，那就足以遏制科学技术创新[10]。"

首先，为数不多、勇于攀登、具有时代印记的科学家站在科技体系最高端，如弗洛伊德、牛顿等人，就是用他们的名字命名，如弗洛伊德时期、牛顿纪元等，以此纪念他们为科学领域做出的伟大贡献，同时也代表了世人对伟大科学家的承认和尊崇，这是荣誉的象征。其次，对法拉第、冯·列文虎克、冯特、孔德等，是用开山鼻祖的形式纪念他们为世界做出的贡献，如法拉第被称为"电工学之父"。最后，更多的科学家则是用其名字命名其创造的理论、定理、仪器等，如焦耳定律、布朗运动等。

不同等级的科技奖励如表2-2所示。

表2-2　不同等级的科技奖励

等级	代表类型
世界级	诺贝尔奖、菲尔兹奖、图灵奖、沃尔夫奖
国家级	国家最高科学技术奖、（英）克普利奖等
地区级	各地区、各地方设置的科技奖励

从表2-2中可以看出，科技奖励在层次上存在差异，分为世界级、国家级、地区级等，不同奖项对应的技术成就也不尽相同，获奖层次越高代表成就越高。

综上所述，确立科技奖励制度时，要注重科研工作者获得成就的价值，这也从根本上决定了科研工作者所获成就对应的奖励，采用等级与奖励相结合的方式，反映国家、社会对科技工作者高价值成果输出的认可和尊重，同时具有层级特征的奖项设计间接评价了科技人才的科研成果。

三、国际视域下创新型科技人才评价研究

科技人才作为推动科技产业发展的主体，已经成为国家科技竞争力与国家实力的重要资源。无论是国家与国家之间的竞争还是企事业单位发展均离不开创新型科技人才，所以创新型科技人才逐渐成为决定单位主体发展质量的关键。我国处在经济转型期，各类产业迅速发展离不开创新型科技人才的助力，但各行业技术创新人才缺口量大，而且人才培养周期长，由此需要建立体系化的创新型科技人才培养方案及评价体系，确保人才培养质量的同时满足各产业对创新型人才的需求。

（一）创新型科技人才评价构建

1. 国际人才评价的来源

美国心理学家卡特尔设计了人格要素测量指标，其研究成果有效促进科技人才特征评价发展[11]；哈佛大学研究员加德纳提出多元智力观点[12]；耶鲁大学斯腾伯格提出三元智力学说，并在1905年制作出智力检测表，即比奈—西蒙量表[13]。从此，西方对于人才评价的研究渐渐广泛、成熟起来。

随着人才评价的发展，政府及企业对人才评价广泛使用，并形成系统性的人才评价体系，同时人才评价开始广泛应用于各个领域。

2. 创新型科技人才的构建

对于人力资源而言，创新型科技人才评价是合理评判人才能力的重要环节，对单位用人决策起到决定性指导作用。而评价的开展应围绕理论知识掌握及实践操作能力两个方面展开。随着社会对创新型科技人才的需求不断增加，如何基于各产业人才诉求评定创新型科技人才成为评价机制探索的新难点。所以，建立健全创新型科技人才评价体系时，要根据产业发展创新的特

点设置体系评价指标，并严格遵照既定原则设置。

3. 创新型科技人才评价体系的构建原则

面对创新型科技人才评价体系多元且复杂的特征，我们需要确保评价标准和方法能够精确反映创新型科技人才的核心特征，同时保证评价过程科学、客观、公正。此外，还需确保所设计的评价环节在实际操作中是切实可行的，以便于高效地完成评价工作。

（二）创新型科技人才评价组织机制

20世纪80年代，R. Rothwell 和 Rothberg 便提出社会产业创新活动开展已呈现动态化特征，这种动态特征涉及人才、企业、学术等单位主体的资源流通与交流，这为后续社会各产业开展产学研合作铺垫了理论基础[14]。随后，Gertler 和 Wolfe（2000）发现，产学研合作能够在多主体创新型技术人才参与下，实现区域内知识的创新与外溢，从而促使产业经济、技术发展[15]。因此，创新型科技人才的培养和发展需要优秀的团队能够为人才提供良好的发展条件，让他们在协作中发挥更大的潜力。就像英国的卡文迪许实验室一样，它之所以能够诞生12个诺贝尔奖获得者，正是因为它提供了一个良好的组织协作环境[16]。所以，我们理应关注创新型科技人才的发展和重视组织发展机制的建设，为他们提供更好的协作和支持，以促进他们的个人成长和事业发展。

（三）国际上对创新型科技人才评价的研究

1. 国际创新型科技人才评价政策研究

随着国际社会竞争局势的多元化发展，无论是发达国家还是发展中国家，都在紧锣密鼓地制定创新型科技人才发展规划及评价政策。其中，发达国家推崇"宽进严出"的人才培养政策，如设置宽泛的人才引进政策及高额激励奖金等，而实行上述措施的前提则是以完备的人才评价政策作为支撑。20世纪60年代，英国、美国等发达国家便着手完善创新型科技人才评价机制[17][18]。

2. 科技人才评价的特点——以德国为例

德国的科研管理机制及人才评价机制在整个西方国家视域下都独具特色，德国在科研政策、科研体系、科技人才评价等方面均建立了完善的体系。此外，德国是世界上诺贝尔奖得主最多的国家之一，其中包括爱因斯坦、伦琴、普朗克等，由此可见，德国在世界范围内具备科技人才储备的领先优势。德国在科技人才评价方面具有以下特点。

（1）科技人才在大学拥有较大自主权

德国政府一般不会干涉大学内部对科技人才评价体系的指标设置。因此，德国的大学或科研院校在教学和科研方面具有高度的自主权。此外，德国对老师学术能力与教学质量把控非常严格，会根据学生数量设置教师名额，因此当学生与老师数量无法合理配比时，学校才会考虑招聘教师，如此不仅能够确保学校始终保有合理的教师数量，也能确保学校有更多精力提升教师质量。

（2）公开寻找并评估科技人才

开展公开的招聘、竞争、评价等活动，这些活动有利于学术观点的探讨及大学科研交流等，活跃学术思想，促进国家创新及国家科学技术发展。

（3）严格的科技人才评价程序

严格的评价程序，能够保证人才质量。若缺乏严格的评价体系，将导致标准流于形式，造成科技人才评价体系混乱。

（4）奖励少而精

科技人才评价指标及办法严格遵循"不特殊照顾""不平衡""不资历性"，进入相应阶段的学术水平必须达到标准。

（5）评价体系规范化、系统化

在人才评价过程中，遵循制度化、规范化、多样化、专业化等特点。

（四）青年创新型科技人才评定

西方发达国家工作评价和个人自我评价相互关联，形成较为全面的人才评价机制。其中，戴维·麦克利兰（David C. McClelland）（1973）从知识、技能、概念、特质及动机构建青年科技人才核心能力素质体系模型，侧重于科研能力、学习能力、创新能力等因素[19]，而 Liu Zeshuang 等（2009）认为创新型人才具备强烈的创新能力以及创新思维、多元化创新能力，因此评价创新型科技人才时不应该一味重视论文数量；要敢于打破论文数量、资质等这些限制[20]。

在科技飞速发展的背景下，创新型科技人才能够带动社会从工业经济时代向知识经济时代跨越。另外，在国家之间、民族之间、企业之间的竞争中，科技竞争往往是决定竞争成败的关键，而推动科技发展的核心动力是创新型科技人才。因此，可以促进创新型科技人才提质工作的人才评价成为科技人才创新发展的关键环节。

四、我国创新型科技人才评价研究

（一）创新型科技人才

1. 关于创新型科技人才的理解

随着创新型科技人才评价体系的逐渐发展，不同学者对创新型科技人才评价观点存在差异。其中，刘泽双和薛惠锋（2005，2006）认为创新型科技人才评价不应该只重视科技创新知识、技能及精神，还应该重视个人素养及个人品德[21][22]。而陈永光（2003）认为应针对不同创新型科技人才的个人经历、教育背景、专业能力等制定不同评价标准[23]。由此可见，创新型科技人才不局限于某一行业，而是在各行各业，但不管什么岗位都应该具备过硬的专业知识、良好的综合素质及永不放弃的科研精神。

2. 创新型科技人才所具备的特质

创新型科技人才应具备创造力、追求卓越且坚定的决心、丰富的知识以及积极的实践精神等特质。另外，创新型科技人才的人格应体现出创新意识、创新能力、创新智力的创新人格。因此，创新型科技人才的基本特质包括以下几点：首先，面对新事物时，他们具有较强的敏锐度，并且敢于打破常规；

其次，具有较强的创作欲望，并且勤于研究及发现新问题，并以创新型思维结合创新型知识去深入思考问题；再次，为了能够跟进时代的步伐，需要拥有扎实的专业知识，并且能够为国家科技事业全心全意奉献；最后，因为创新型科技人才活动是在现有的团队中进行，因此需要具有较强的融入团队的适应能力。

3. 创新型科技人才分类

从多个维度看，创新型科技人才有多种分类方式。

◎团队角色：知识创新型、弥补型和团队领导型，分别担任创新的源泉、团队平衡器、组织者等角色。

◎职称和成果评价：中国科学院院士、中国工程院院士、长江学者等，在各自领域有卓越贡献。

◎成长类型：应用能力型、思维创新型、领导型，分别擅长实际应用、独特思维、团队引领。

◎年龄：老年、中年、青年，各有其优势，如经验、活力与创新精神。

◎能力层次：杰出、领军、拔尖、一般，按贡献和地位划分。

◎社会分工：体制内与非体制内，前者如科研机构、高校，后者如企业和创业团队。

◎行业领域：农业、制造业等，各领域有各自的创新推动者。

◎类型：技术研发、应用研究、理论，各类型人才在科技创新中各司其职。

（二）我国创新型科技人才队伍

实现国家向创新型国家的转型，关键在于创新型科技人才，而创新型科技人才的培养方式和环境等因素是决定创新型科技人才培养产出质量的关键。

创新型科技人才队伍的建设不仅与国家繁荣昌盛及国际竞争存在直接联系，还能够影响各组织发展，可见建设创新型科技人才队伍是一个关系全局的工作。另外，具备全局观念是开展创新型科技人才培养的必备条件。所以，只有知晓全局才能保证创新型科技人才培养的顺利进行。此外，创新型科技人才队伍的建设不仅涉及国家科技的发展，还涉及社会发展，所以需要从各角度规划创新型科技人才队伍的建设。基于此，为适应我国可持续发展需要，创新型科技人才的培养工作已然迫在眉睫。

可是根据创新型科技人才相关调研数据，我国当前对于创新型科技人才的需求巨大，但是在人才组合结构中，高质量的创新型科技人才占比非常小，存在严重的人才结构失衡问题。调查发现，我国制造业从业人员约为1.4亿人，其中技术人员占50%左右，而在7000万技术人员中，高级技术人员仅占4%。但是在发达国家高级技术人员占技术人员的40%[24]，这是我国制造业发展目前稍逊发达国家的原因之一。此外，重点领域和国计民生有着密不可分的关系，但重点领域的人才往往都不会剩余，甚至出现人才缺少的情况，所以通过引进人才、人才定向培训等方式，加快建设创新型科技人才队伍是非常有必要的。这样不仅可以解决创新型科技人才短缺的问题，还实现了重点领域的人才突破。基于当前环境，无论是国家还是社会组织、团体，在创新型科技人才建设中，都需要经历人才培养、人才引进、人才使用和人才发展规划等阶段。对于中国这样的大国来说更应如此，更应重视和持续关注创新型科技人才可持续发展的培养。此外，建设创新型科技人才队伍，既是国家需求也是国家在国际竞争力的"加分项"，同时是我国在创新科技领域发展的必要条件。由此可知，创新型科技人才的持续培养是一个国家实现可持续发展的关键。

（三）创新型科技人才激励

1. 物质因素

创新科技成果能够给社会带来良好效益。娄伟和李萌（2006）认为可以通过物质激励或荣誉激励等方式激励创新型科技人才，使其充分发挥自身潜力[25]。

2. 文化因素

快乐是动力的源泉，所以在工作中让创新型科技人才切实感受到快乐是促进科研成果诞生的较好途径。通过塑造积极的企业文化，提高科技人才对企业文化的认同感和企业文化践行的使命感。持续的、积极的企业文化和工作氛围也是吸引更多优秀人才加入的一大优势。此外,企业应关注员工的工作氛围、管理方式、学习空间等,鼓励研发人员亲自介绍自己的产品或者科研成果,提高科研人员的成就感。

3. 职业因素

职业生涯中,科技人才有很多晋升机会,能够充分发挥个人价值,使自身能力得到体现。另外,创新型科技人才与企业之间的紧密合作,为人才提供了更广阔的发展平台,有助于他们充分发挥自己的才华和创新能力。

第三节 我国科技人才评价相关政策及要求

一、人才评价政策的变迁特征

（一）阶段划分与依据

人才评价政策变迁特征以五年规划（五年计划）为时间节点研究。从国家层面来讲，五年规划是我国重要全局性和整体性的经济社会发展规划，同时与人才评价政策发展密不可分，而五年规划并不能完全指导支撑科技人才的培养，还需要指导性、规范性的长期规划。

人才评价政策变迁特征研究节点是在五年计划基础上，按照核心思想和重要政策节点进行划分。第一个阶段是1994年至2005年，逐步提高大家对人才评价工作的重视，并达到国家发展战略的高度，这标志着它开始在各个领域中发挥重要作用，这个时期被称为"战略改革期"。第二个阶段是2006年至2015年，也就是"十一五"和"十二五"阶段，被称为"规范创新期"。在这个阶段，2013年中共中央对《党政领导干部选拔任用工作条例》的内容进行了修订，强调以德为先，同时将其视为评价人才质量的第一指标，尤其是对优秀党政干部的选拔任用，此次内容修订，表明我国正在通过完善相关法规和制度，确保人才评价和队伍建设有明确的指导和规范，进而保障更多更好的人才服务国家、人民、社会。第三个阶段是2016年至2020年，处于国家的"十三五"阶段，该时期也被定义为"多元深化期"。在此时期，中央政府接连提出有关人才发展、人才评价的相关制度改革指示，使得我国的人才评价制度得到进一步发展和完善。这个阶段强调在党的领导下，对人才评价进行科学化和专业化的管理。由此可见，每个阶段的人才评价政策都具有时代特色。其中，在"改革战略期"，人才评价政策得以制度化和专业化，为人才的选拔和评价提供了更加规范和专业的标准；在"规范创新期"，人才评价政策得以规范化和创新化，不仅确保评价的公正性和准确性，同时鼓励人才的创新精神和创造力；在"多元深化期"，人才评价政策得以多元化和科学化，通过科学的方法和多元化的评价标准，更全面地评价人才的综合素质和价值。这不仅反映出国家人才评价政策逐渐完善，还体现出五年计划与人才评价政策之间具有较强的关联性。

（二）人才评价政策阶段特征

1. 改革战略期（1994—2005年）：制度化、专业化

这个时期也称为"调整规范期"。1995年我国首次提出"科教兴国战略"，将科技和教育放在社会经济发展的重要位置。在激烈的竞争环境中，人才是推动发展的关键因素。所以，怎样满足人才评价体系发展需要的科学性和激励性，成为当时政策探索的重点问题。在此境遇下，我国政府为科技人才提供优良的环境及政策支持，并加强科技人才考核，同时对成绩突出的人才破格提拔。

1995年，中共中央、国务院在《关于加速科学技术进步的决定》中明确指出科技人才是第一生产力的开拓者，是促进国家发展的主要依靠。为加快人才队伍的建设速度，培养大量科学家和带头人，实施"百千万人才工程"。中央政府在2002年5月发布的《2002—2005年全国人才队伍建设规划纲要》中明确了"人才强国战略"。这一战略旨在通过重视和发挥人才的作用，推动国家的繁荣和强盛。2002年11月的中国共产党第十六次全国代表大会进一步深化了这一思想，提出"尊重劳动、尊重知识、尊重人才、尊重创造"的战略宗旨。这一战略宗旨彰显了中国的进步思想与中国共产党领导的先进性，而且凸显了党和国家对知识和知识分子、劳动和劳动成果的尊重。可见此方针给予人才高度尊崇，能够有效促进祖国富强、民族振兴、人民幸福。"四个

尊重"更加能够体现人才的重要性。2003年，胡锦涛提出"以人为本"科学发展观，并多次强调人才对党和国家事业发展的关键作用，进一步解放中国关于人才的传统思想。同时"人人可以成才"理念的提出体现了政治上对于人才全方位民主发展的尊重和重视。2004年，中央政府在《中共中央 国务院关于进一步加强人才工作的决定》明确指出"只要具有具备一定的知识或技能，能够进行创造性劳动，为推进社会主义物质文明、政治文明、精神文明建设，在建设中国特色社会主义伟大事业作出积极贡献，都是党和国家需要的人才"。这也是国家对于人才评价的一种规范定义。

综上所述，此阶段人才评价政策由传统人才评价方式转化为以品德、知识、能力及业绩等综合的人才评价标准，标志着我国人才评价体系走向系统化。

为推动人才在我国经济和社会发展中的参与度，政府在"改革战略期"中实施构建各类型人才的评价制度。对于政府公职人员，实行多维度评价机制，在政治思想、业务能力、工作业绩等方面进行综合评估。相比之下，对于其他领域的人才评价手段相对单一，还是沿用考试和业绩考核的方式。

2. 规范创新期（2006—2015年）：规范化、创新化

这个时期也称为"系统推进期"，部门之间相互合作、人才评价多元化是此时期的特征。教育部、科学技术部等成为该时期制定政策的主体。另外，人才评价在此时期的核心是分类评估，评估标准逐渐与国际标准同步，评价指标也与评价流程和评价激励政策相互关联，渐渐形成一个有机整体。可见，此阶段人才评价工作呈现规范化、创新化的特征。此阶段我国人才队伍文化水平提高，但缺乏高素质、创新能力较强的人才。因此，在科学发展观的指导下，我国人才队伍需要不断提高个人素养，尤其是政治素养及品德素养，注重培养人才的创新能力。

2005年4月由中华人民共和国第十届全国人民代表大会常务委员会第十五次会议通过的《中华人民共和国公务员法》及配套法规中明确指出对公务员录用情况进行记录、考核进行记录、职务任免、培训和监督等工作必须坚持依法开展。2010年，《国家中长期人才发展规划纲要（2010—2020年）》发布，其指出人才评价工作的两大任务是"健全与完善，探索与创新"。2012

年，国家提出"创新驱动发展战略"，标志着科技人才评价及奖励政策进入新阶段。2013年，中共中央修订的《党政领导干部选拔任用工作条例》是该时期人才评价制度化的研究成果，该条例将政治标准作为最重要的考量因素，强调以党管干部为原则，"以德为先、任人唯贤"制定用人标准。此外，该条例指出在干部考核及评价中，以工作能力为评价基本条件，以良好品德和政治过硬为评价必要条件，对干部工作作风、廉洁自律提出更高要求。2014年，习近平强调人才评价应更加专业化、信息化，将信息化手段融入科技人才与创新人才评价中，这是国家领导人首次对某一行业提出的专门人才评价要求。2015年，为改善学术环境，释放人才科研创新活力，制定并发布了《关于优化学术环境的指导意见》，强调坚决破除论资排辈、求全责备等传统人才观念。此后，国家相继出台了一系列文件，包括《关于建立完善守信联合激励和失信联合惩戒制度 加快推进社会诚信建设的指导意见》《关于进一步加强科研诚信建设的若干意见》等，多次强调科学家精神的重要性，并同步建立失信行为记录信息系统。这些政策措施旨在营造诚信、廉洁的科研环境，摒除不良风气，鼓励科学研究的健康发展。

由于政策支持，越来越多的人才评价机构或人才测评中心不断涌现，推动人才评价迈向多样化、开放化。中国共产党第十八届中央委员会第一次全体会议提出党员干部要"严守党的政治纪律和政治规矩"，党的十八大以来反腐倡廉更是将提升党政干部自身廉洁性与品德建设置于更为重要的位置。

3. 多元深化期（2016—2020年）：多元化、科学化

此阶段也被称为"创新驱动期"。经历过"改革战略期""规范创新期"后，虽然人才评价已经形成比较完善的体系，但随着时间推移，体系中存在的问题逐渐显现，如人才评价存在注重人情关系、注重形式、"唯论文"等现象。为解决这种不良现象，在后续人才评价体系中，人才评价指标及评价流程更加注重科学性、合理性。另外，人才评价政策在"多元深化期"可以从四个方面解读：人才的流动与吸引、人才的选拔与培养、人才评价与机制、人才安全与保障。根据不同的职业和岗位，人才评价政策设置了三种类型的评价：评审项目、人才评价和机构评价。此外，为了激发

科研院校和科研带头人的积极性，人才评价的权利也将随着政策的改动逐步走进地区、走进基层，让科技人才有更多的自主权和灵活性，以更好地发挥他们的潜力。

2016年至2020年是人才评价政策的转折期。为满足经济社会发展的需求，我国提高人才水平，完善人才引进政策。随着时代的进步，对于人才的评价标准日趋多样化和全面化。为了响应这一要求，中共中央2016年印发《关于深化人才发展体制机制改革的意见》，明确提出"坚持德才兼备，注重凭能力、实绩和贡献评价人才，克服唯学历、唯职称、唯论文等倾向"。这一改革还强调专业性和创新性在人才评价中的重要性。党的十九大的召开，表明我国开始崭新的发展篇章，人才评价也进行了阶段发展，时代性和创新性成为当下人才评价的焦点话题。个人品德素养在人才评价中的权重不断增加，创新也被确立为新时代人才评价的核心内容。这不仅涉及制度变革，更是人才评价体系创新对科学方法的需求。针对人才评价的标准要求，制定制度和法规，全面推进人才分级分类评价，运用科学手段进行人才评价。互联网和大数据技术快速发展，促使人才评价的方式和范围逐渐发生变化，以学历、经验和口碑为主的传统人才评价模式已经不能适应现代社会的需求。

2018年，我国政府在科技创新方面迈出重要的一步。中国共产党第十九届中央委员会第五次全体会议指出要完善科技创新体制。这是为了更好地激发科技人才的创新活力，推动科技创新的快速发展。为了实现这一目标，中共中央办公厅、国务院办公厅发布了《关于分类推进人才评价机制改革的指导意见》，其为人才评价标准的分类提供了实施方向，融合构建了由政府评价、市场评价和社会公众评价相结合的多元化评价机制。促进人才的创新和发展。这将为国家的科技创新提供更有力的支持，推动中国经济社会的持续发展。我们应该深化职称制度的改革，提高职称评审标准的合理性和多样性，进一步优化职称评审的流程。2019年6月1日施行的《中华人民共和国公务员法》指出严格要求公务员的岗位设置、职务层次、任免条件、晋升途径等，并且根据不同职位类别、不同层级机关分别设置人才评价指标。2019年3月

第三节 我国科技人才评价相关政策及要求

3日起，施行的《党政领导干部选拔任用工作条例》强调"坚持新时期好干部标准，建立科学规范的党政领导干部选拔任用制度，形成有效管用、简便易行、有利于人才脱颖而出的选人用人机制"，因此能够为中国经济和社会发展提供强大的人才支持。2021年，人社部在《技工教育"十四五"规划》中明确提出"深化技工院校改革，推进办学模式创新，加强高技能人才和能工巧匠培养，注重德技并修、多元办学、校企合作、提质培优，实现创新发展，建设现代技术工人培养体系，培养德智体美劳全面发展的社会主义建设者和接班人，为全面建设社会主义现代化国家提供高素质技能人才支撑"，这为我国高水平科技人才培养指明了方向。基于此，我们可以进一步强化对高水平人才评价认证和职业能力标准的构建，打造科学、权威、高效且易于实施的全新人才评价体系。同时，我们也需要构建涵盖所有领域的高水平人才培养体系，以着重培育一支具备国际竞争力的高水平人才队伍。该行动计划的出台，不仅促进我国高技能人才的培养，还推进人才强国的建设，具有重大的现实意义和战略意义。

即使我国人才评价工作在某些阶段遇到了一些挑战和波折，但从整体上回顾，我国人才评价工作在不断进步和完善，为推动人才发展和国家进步做出了积极贡献。从我国人才评价工作的演变历程上看，人才评价从最初的制度化建设，到后来的制度创新与改革，再到强调德为先和多项标准共行的原则，这一系列的发展都表明我国人才评价制度在逐步走向成熟化和规范化。第一个阶段，即制度化建设阶段，人才评价体系基本框架初步建立，相关管理制度形成；第二个阶段，即制度创新与改革阶段，中央和各地政府开始探索新的人才评价标准，并提出具有创新性的评价理念和方法，此阶段我国人才评价工作经历了由单一向多元转变、由模糊向精确转变、由笼统向科学转变。第三个阶段，即德为先和多项标准共行阶段，"以德为先"的评价理念得到广泛认可。所以，人才评价制度不仅注重学历、经历等硬性指标，更多注重个人能力、品德、社会影响力和创新能力等软性指标，这使得我国人才评价制度逐渐从"人治"转向"法治"。

二、人才评价政策的变迁动力

为推动科技人才的全阶段发展，就要在科技人才评价政策中纳入人才培养、人才引进、人才管理等专业管理机制和管理措施。在此境遇下，为清晰、全面地认识各阶段科技人才政策变迁过程，本书整理了1994年至2020年的科技人才政策，并结合"五年规划"核心思想，将1994年至2020年的人才评价政策划分为三个阶段。第一个阶段是改革战略期（1994—2005年）：人才地位不断提升。2002年，中共中央办公厅、国务院办公厅颁布实施《2002—2005年全国人才队伍建设规划纲要》后，人才地位不断上升，实施人才战略，开发人才资源，逐渐在各领域建设人才评价制度。第二个阶段是规范创新期（2006—2015年）：制度的创新与改革已经进行。我国在2010年出台的《国家中长期人才发展规划纲要（2010—2020年）》代表着我国人才培养事业逐步迈向成熟，同时体现我国人才政策的规范化和合理化。2013年，我国完善了《党政领导干部选拔任用工作条例》的内容，提出了新要求，这为评价公职人员提供了新标准。第三个阶段是多元深化期（2016—2020年）：推举人才评价应专业、科学。在此时期，相继发布关于人才发展、人才评价、人才政策指导与制度改革的政策，逐步推进我国人才评价制度的规范化、合理化、科学化。

在改革战略期，发布关于人才评价政策的文件共计62份，其中联合发文数量共计11份，占比17.74%；在规范创新期，发文共计311份，其中联合发文，共计47份，占比15.11%；在多元深化期，共计发文262份，联合发文共计77份，占比29.39%（见表3-1和图3-1）。

表3-1 各阶段联合发文数量及占比情况分析

发文时间	改革战略期	规范创新期	多元深化期
	1994—2005年	2006—2015年	2016—2020年
发文总量（份）	62	311	262
联合发文数量（份）	11	47	77
联合发文占比（%）	17.74	15.11	29.39

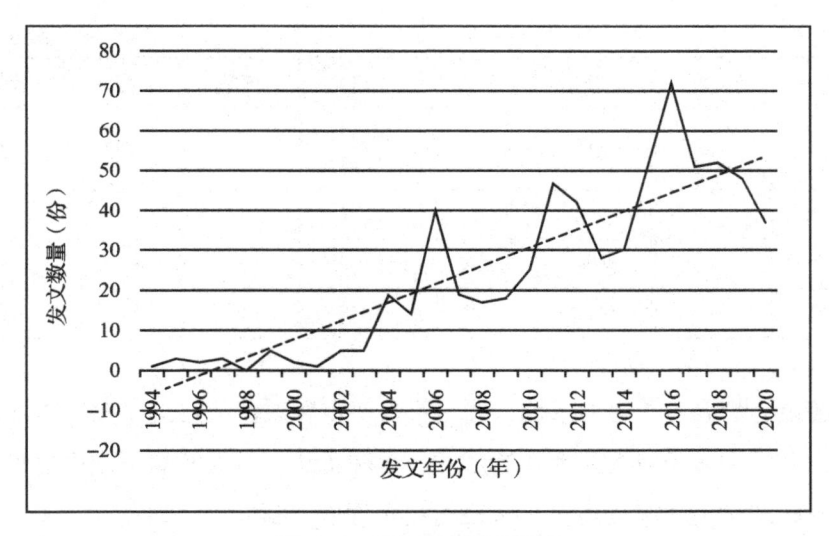

图 3-1 各年发文数量示意

（一）改革战略期（1994—2005 年）：人才地位不断提升

在改革战略期，共出台 62 项关于人才评价的政策。改革战略期无论是政策发布的总数还是年平均数量相对较少。这期间，一方面，我国在 2000 年才提出"人才强国"的发展战略，同时也是对人才相关政策进行研究和探索设计的开始，相较于国外研究起步时间较晚；另一方面，这一阶段的政策数量偏少，导致早期人们对人才评价的相关指标及领域了解甚少。2003 年，关于人才评价的政策发文才有所增加，主要原因在于，中共中央、国务院在 2002 年的《2002—2005 年全国人才队伍建设规划纲要》中首次提出"实施人才强国战略"，这为后来人才发展政策制定明确了方向。

改革战略期，关于人才研究的基础较为薄弱，相关人才培育发展政策较少，我国在此时期的各领域人才较为贫乏。从表 3-2 中可以看出这一阶段出现较多的是"培养""加强""改革"等字眼。

表 3-2 1994 年至 2005 年人才评价政策高频主题词

主题词	频数	主题词	频数	主题词	频数	主题词	频数
人才	21	完善	7	卫生	5	改革	4

续表

主题词	频数	主题词	频数	主题词	频数	主题词	频数
加强	9	制度	6	高技能人才	5	管理	3
建立	8	技术	6	科技	5		
企业	8	技能	6	考试	5		
培养	8	培训	5	工程	4		

通过分析表 3-2 中的数据，我们可以得出在改革战略期，关于人才相关政策的关键词多为对人才考核制度的加强和优化、对人才培养制度的管理和改革。整理相关文献发现这一阶段的高频词以"制度"一词为主，原因是我国人才评价工作正处于起步阶段，迫切需要完备的制度支撑人才培育与评价机制的构建完善，这从侧面体现了国家对人才发展的重视程度不断增加。该时期的政策思路主要围绕公职人员选拔任职标准进行研究和设计，尚缺乏面对不同产业、不同岗位差异的针对性研究分析，而且在人才评价中依旧沿用过去的考试考核、业绩考核等方式，人才评价方式较为落后。

1995 年科教兴国战略提出后，我国开始加大人才培育投入，加强基础设施建设等工作，同时实施《"百千万人才工程"实施方案》、春晖计划、长江学者、国家最高科学技术奖等人才发展激励与保障机制，这标志着我国人才培育工作上升到国家战略层面，各地区全面开展科技人才培育工作，全面推动高层次人才队伍建设，并将科技建设与人才培育相结合。此阶段是我国逐步完善建设科技人才培育体系的重要阶段，随着改革开放的不断推进，科技人才的资源配置分散对各行业人才发展影响逐步扩大，这可能是科技和经济建设脱节问题突出的原因之一。因此，我国持续优化人才发展战略，2002 年正式提出人才强国战略，同时加大对国外高端人才的引进力度。

多部门 2001 年联合发布《关于鼓励海外留学人员以多种形式为国服务的若干意见》，既要鼓励留学人员与国内高校多进行学术交流，也要为海外留学人员回国工作或创业创造良好的制度与营商环境。《关于为外国籍高层次人才和投资者提供入境及居留便利的规定》的出台，简化了国外投资者出入境手续，同时相关政策的出台为国内投资者提供更加宽松的优惠政策。2005年发布的《关于在留学人才引进工作中界定海外高层次留学人才的指导意见》明确了留学人才的具体标准。

国务院自2005年开始连续三年发布"年度工作要点通知"，这是国家重视行业发展质量的一个标志，在发布的"通知"中均提到改革的重要性，并着重提及海外人才的引进对各产业发展的带动作用。

改革战略期是人才政策集中提出和人才增长的关键时期，这一阶段政策的实施目的主要是促进和发展社会经济，促进产业人才高质量发展。随着21世纪初期我国对接全球市场需求的扩大，各产业在分配科技人才时，人才发展需求与经济发展出现了脱节问题，因此这一阶段的政策内容主要是以人才的创新发展能力、人才激励机制发展为主。

（二）规范创新期（2006—2015年）：创新制度建设势在必行

在规范创新期，国家共颁布311个关于人才评价的政策，年平均颁布数量达到31个以上，规范创新期作为人才发展阶段时间跨度最长的一个阶段，发布的人才发展、评价政策数量最多，对人才发展质量影响也最大。教育部为充分落实国家大力发展人才培养的战略政策，于2007年牵头，同财政部、国家发展改革委、人社部、科技部、国资委五部委共同制定并发布《关于进一步加强国家重点领域紧缺人才培养工作的意见》，其中提出了按照各部门发展需求优化对于海外人才的引进政策和机制改革。2011年，关于人才政策发布的数量达到高峰，这主要与2010年国务院颁布实施了《国家中长期人才发展规划纲要（2010—2020年）》有关，之后，关于人才评价政策逐步走向社会化和普遍化，人才评价制度开始追求"公平、公正、公开"。

规范创新期在政策关键词上相较于改革战略期发生了改变，在此阶段的政策关键词包括"企业""科技""创新"等（见表3-3）。从表3-3可以看出这个阶段更重视对团队人才的培养，从第一阶段的人才培养向各产业人才培养转移。这一阶段主要特点有以下四点：着重建设人才队伍；建设各个领域的人才体系；完善创新人才评价体系；完善人才制度及法律法规。国家在这个阶段相继颁布各个行业、各个领域的人才政策，从侧面体现了我国更为注重各领域人才的培养，并将科技人才培养的重心向企业和科研单位靠拢，所以对人才的评价更加社会化，人才培养与评价制度在此阶段逐渐完善。

表3-3 2006年至2015年人才评价政策高频主题词

主题词	频数	主题词	频数	主题词	频数	主题词	频数
人才	65	能力资源	14	实施	11	队伍建设	7
企业	49	学会	14	产业	10	标准	7
科技	39	知识产权	14	评价	10	教育	7
加强	35	推荐	13	人才队伍	9	专利	7
创新	34	高技能人才	13	会计	9	单位	7
技能	31	就业	12	制度	9	质量	6
完善	29	农业	12	职业	8	申报	6
服务	28	职业技能鉴定	11	开展	8	中国	6
培训	27	支持	11	中国科协	8	活动	6
培养	22	鉴定	11	推进	8	职业教育	6
行业	19	建立	11	科协	7		
研究	18	改革	11	专业	7		
技术	17	项目	11	规划	7		

（三）多元深化期（2016—2020年）：科学化与专业化是大势所趋

在多元深化期，共出台262个关于人才评价的政策。中央政府相继发布了《关于深化人才发展体制机制改革的意见》《关于分类推进人才评价机制改革的指导意见》等人才制度改革政策，为我国人才制度的发展奠定良好的基调。同时对《中华人民共和国公务员法》《党政领导干部选拔任用工作条例》的内容进行修订，对公职人员的选用任职提出新的标准和要求。这一系列政策的推陈出新，推动了我国人才制度、人才评价机制向科学化、合理化、专业化的升级。

第三节 我国科技人才评价相关政策及要求

多元深化期在政策关键词上与规范创新期相比发生了较小的变化,此阶段的政策关键词包括"创新""科技""职称"等(见表3-4)。这一时期针对不同产业的科技人才发布了更有针对性的政策与评价方式,人才政策的多元性属性更加凸显。在此背景下,为了建设更多的人才基础设施,提升科技人才培养效益,政府主要围绕"科研人员""互联网""产业聚集"等开展工作,以此提高科技人才覆盖面。这代表着此阶段高层次科技科研人才培养是带动社会创新能力提升的关键。

表3-4 2016年至2020年人才评价政策高频主题词

主题词	频数	主题词	频数	主题词	频数	主题词	频数
创新	43	完善	14	专业	9	教育	6
科技	41	企业	14	推动	9	科研	6
人才	37	农村	13	人力资源	9	推荐	6
评价	27	支持	13	健康	8	数据	6
加强	27	高校	13	行业	8	知识产权	6
职称	26	技术	12	中医药	8	改革	6
服务	22	培训	11	中国	7	科普	6
评审	19	管理	11	计划	7		
推进	18	单位	10	专业人员	7		
项目	15	机制	10	职业技能	7		
科技创新	15	技能	10	商务部	6		
农业	15	研究	10	中医	6		

第四节
创新型科技人才职业类型及能力特征分析

一、专业技术人员中的科技工作者

(一)企业科技工作者相关研究

1. 科技工作者的内涵

彼得·德鲁克(Peter F. Drucker)首次提出知识型员工概念是在20世纪50年代,他认为知识型员工就是掌握知识概念、技术,并利用知识和信息工作的人[26]。随后历经时代的发展,相关研究变得愈发丰富、愈发深入。

中国科学技术协会2008年发布的《第二次全国科技工作者状况调查报告》提到关于我国科技工作者还没有政策文件的明文定义,只是作为我国政策文字中引述的解释。因此,可以看出当前我国对科技工作者还缺乏真正概念上的定义,尚可以将科技工作者归为科技人力资源。科技人力资源通常指的是具备科技知识和技能的人才资源。他们通过科技知识的应用和创新,为组织的科技发展和创新提供智力支持。

2. 企业科技工作者的内涵

企业科技工作者是推动科技进步和经济发展的重要力量。他们具备专业的科学知识和技术能力,致力于研发新产品、优化生产流程和提高企业竞争力。

本书借鉴徐世勇(2004)等学者研究内容对企业科技工作者概念界定,将企业科技工作者定为大专以上、具有相关资历证书、从事过相关科技活动并累计全年工作10%以上科技人员，这些人员通常具有较高的知识和文化素养，通过创新性行为为企业创造价值[27]。

3. 企业科技工作者的特点

企业科技工作者具有以下特点。

（1）数量有所下降

中国科学院发布的《第四次全国科技工作者状况调查报告》显示，2015年研发科技人员比例与同期相比下降趋势明显。企业科研个人会员数量由2016年的375.5万人下降到了251.3万人[28]。

（2）较高的信念感

进入中国特色社会主义建设新时期，国家持续深入开展理想信念教育，持续深化价值引领等重要任务。随着科技工作者个人认知水平的提升，他们对参与创新型国家建设、科技强国、五年规划等有了更强的参与意识与责任感。

（二）科学家精神和科技工作者的创新行为

2020年9月，习近平在京主持召开了科学家座谈会并发表重要讲话，讲话强调了"加快科技创新是推动高质量发展的需要，是实现人民高品质生活的需要，是构建新发展格局的需要，是顺利开启全面建设社会主义现代化国家新征程的需要"。

新时代科学家精神给予企业科技工作者强大的精神动力，在正确的价值观引导下，有利于提高科技工作者的科技创新热情，使个人目标与企业目标形成统一，从而实现企业的创新发展。

科学家精神内含变量丰富，包括价值导向、情怀担当、事业追求等。在企业中，拥有科学家精神的员工会积极探索新领域，主动学习新知识，全面掌握与工作相关的技能，以此激发出新的构想和开展新的实践。所以，与被动接受知识的企业员工相比，主动型员工会积极学习，积累并拓展自身才能，而这种学习探索对个体创新行为的产生具有重要意义。

科技工作者持续的技术发展与创新行为输出是对企业的高度认同感、责任感、使命感等精神的外在展现。企业科技工作者与普通员工相比具有强烈的自主性，作为企业中领军人物，企业科技工作者在追求物质满足的同时也在不断实现事业追求，这种精神恰恰是团队作战、攻克万难，从而形成知识共享、经验互相学习的主体动力。

（三）企业科技工作者的使命与责任

《国家创新驱动发展战略纲要》是为了加快实施国家创新驱动发展战略而制定的法规，2016年5月，《国家创新驱动发展战略纲要》由中共中央、国务院发布，自2016年5月起实施。其中提出到2020年、2030年、2050年分别进入行列、跻身前列、成为头列的三阶段发展目标。这为我国科学技术创新发展指明了方向。科学技术部、教育部等五部门联合印发的《关于科技工作者行为准则若干意见》提出，科技工作者作为先进生产力的开拓者，是科技知识和现代文明的传播者，是社会主义现代化建设的骨干力量。由此可知，科技工作者本身肩负着巨大的历史使命和责任感，在全面建成小康社会的发展中发挥着重要作用。

首先，科技工作者是国家先进生产力的开拓者，科技工作者要以创新为己任发展科研工作，并为我国经济建设提供坚实的技术支持。其次，科技工作者也是科学精神、创新精神宣传的载体，应积极通过多元渠道向群众科普科学知识、传播科学思想，为社会营造崇尚科学、反对迷信的良好氛围，用科学知识武装广大人民群众，为我国建设社会主义国家发挥助推作用。

（四）企业科技工作者所具备的品质

一位优秀的工作者应该具备的优良品质，主要表现在以下几个方面。

1. 具有强烈的爱国精神

随着全球化进程加快，当今科技创新领域的无国界特征愈发明显，在此发展背景下，科技工作者要有勇担振兴中华的历史使命感和责任感。纵观我国历史，优秀的科技工作者都表现出浓厚的爱国主义情怀和爱国精神。例如，杰出科学家、中国航天事业的奠基人获得国家杰出贡献科学家、两弹一星功勋奖章获得者钱学森先生；核物理学家、中国原子能科学事业的创始人、两弹一星功勋奖章获得者、中国科学院学部委员钱三强院士；领导开展我国第一颗人造卫星的研制工作，提出了从试验到生产等一系列具体建议，为我国航天事业的发展奠定基础的赵九章先生；为中国现代物理学的建立和发展做出卓越贡献的王大珩先生。在他们的事迹中我们均能感受到他们具有的忠于祖国、热爱祖国、甘于奉献的爱国主义精神。

2. 具有实事求是的精神

马克思主义的核心是实事求是，更是中国共产党论事处事的基本，也是中国共产党人了解世界、革新世界的根本[29]。实事求是应作为科学工作者的基本追求，献身科学发展事业的前提是热爱自己从事的科研工作。科技工作者要自觉地把坚持实事求是作为"试金石"，同时对待科研项目要具备基本的、严谨的求实态度，勇于对科学疑点大胆论证，唯有如此才能在持续的科研工作中使自身受益，使社会受益，成长为可堪大用、能担重任的栋梁之材。

3. 树立社会主义荣辱观

如果一个人没有忠诚和信用，那么他在世界上很难立足。科技工作者是我国现代化建设的关键力量，必须自觉树立起健康成熟的荣辱观念。在工作中，他们应该时刻保持对祖国的热爱和忠诚，积极为人民服务，严格遵守法律法规，发扬艰苦奋斗的精神。同时，科技工作者也要时刻约束自己，不能做出违法乱纪、愚昧无知的行为，避免因为一时的利益或短视做出危害国家和人民的事情。

4. 具有勇于进取的精神

习近平在党的二十大报告中强调，必须坚持科技是第一生产力、人才是第一资源、创新是第一动力，深入实施科教兴国战略、人才强国战略、创新驱动发展战略。纵观我国取得的科研成就可以看出，正因老一辈科技工作者的艰苦奋斗，才能在一次次的失败中积累经验，为获得的科研成果打下基础，这一过程也是对每位科研工作者自强不息的鞭策，鼓舞科研工作者达到更高的科研高度。

5. 具有自主创新的品质

创新是民族进步的灵魂，是国家发展的不竭源泉。科技工作者只有不断地提升自身修养、自身创造力及创新能力，才能在科技工作中发挥自己的重要作用，为社会的进步、国家的发展做出杰出贡献。

二、技术技能人员中的科技工作者

在《中华人民共和国职业分类大典（2022年版）》中，技术技能人员主要涵盖两个大类，一是"农、林、牧、渔业生产及辅助人员"，二是"生产制造及有关人员"。随着各行业中科技的发展，对创新型科技人才的需求日益增加，其在经济、工业、农业、医药、生态环保等领域的作用也越发凸显。

（一）技术技能人员能力特征及作用分析

技术技能人员是在某一领域从事技术工作、拥有专门技能的工作人员，是我国人才队伍的重要组成部分，他们在校研学期间已经掌握了完备的理论知识，并在岗位实践中深化和拓展自己的专业知识和技能水平，是技术人员队伍的骨干。技术技能人才是人才体系中的基石，能够将理论转化为实践，将设计转化为现实，从而提升整体效益。已有的专业知识和技能是支撑技术创新成果的基础，通过专业实践经验与知识技能的叠加，帮助技术技能人员解决关键技术和工艺操作难题。

（二）农业生产人员能力特征分析

随着现代化农业的发展，农业技术转型涉及的领域愈加广泛，农业的发展方式也在发生深刻变化，这对农业生产人员的专业能力水平提出更高的要求。农业生产人员需要进一步加强自身素质和能力的提升，从而为社会发展提供更强有力的支持。

1. 农业生产实施能力

农业的发展正朝着现代化产业方向迈进，且需要在生产各个环节中实现更加精细化的任务分工，而农业精细化发展要求农业生产人才能力包括但不限于粮食获得与后续处理技能、病虫害防控技能、耕地资源整理、优质品种选育、机械化作业技能、农机设备维护保养技能等，农业生产人才需要掌握一项或多项专业技能，以确保农业生产转型工作的稳妥实施。

2. 综合素质能力

作为新型职业农民，他们需要不断加强自身素质的提升和知识储备，并拓展与自身相关的农业技能，以此更好地适应多变的农业生产要求。同时，农业生产人员还需要不断地提升服务意识和协作能力，如此才能更好地应对农业生产中的各种挑战和问题。

3. 知识自我更新能力

现阶段，我国社会处于一个高度发展的知识经济时代，而基层农技工作者受制于教育资源限制，接受系统的农业技术教育培训的机会有限。因此，农业技术工作者需要通过自学渠道接触新观念和理论知识，以此掌握新技术与新知识，实现农技掌握水平的提升。

4. 经营管理能力

随着时间的推移，新型职业农民对于农业生产的经营管理能力也在不断提升。未来，管理工作不再是处理传统的农作、灌溉、施肥和防治病虫害等，而是涵盖了更广泛的内容，包括人员配置、生产组织协调、农机设备管理、资金运作以及库存管理等多元化任务。随着农业生产模式逐渐向企业化、市场化靠拢，新型职业农民需要具备更加全面的管理技能，以更好地应对农业生产中的各种经营管理问题。

5. 复合生产意识

复合生产包括两个方面：第一，丰富生产经营的产品，也就是避免"把所有的鸡蛋放在一个篮子里"；第二，促进生产者的人才转化，使其不仅停留在生产型人才的状态。

（三）林业生产人员能力特征分析

林业作为可持续发展的基础性产业，在生态环境保护、资源环境维持、社会经济发展方面都具有重要意义。伴随我国对于林业产业结构的调整和改革，对林业从业人员和管理队伍的综合素质要求也在逐步提高，主要体现在以下几个方面。

1. 类型的多样性

技术技能型、知识技能型、复合技能型是组成林业高技能人才的主要类型。

技术技能型人才是现代工业化发展的产物，指的是既具备实践经验丰富的实际技能还精通现代科学技术方法的专业人才；知识技能型人才是具备一定专业知识储备，且专业应用方法使用熟练，动手操作能力较强的人才；复合技能型人才是那些掌握多种不同技能且能够胜任多变复杂工作环境的专业人士。

2. 高超的技艺性

当代林业早已由依赖个人能力管理升级到通过职业技术院校的专业培训获取专业知识理论，运用信息化技术、网络技术的高水平技能人才实施的现代化林业管理。

3. 较强的适应性

林业生产人员需要具备很强的环境适应性，主要体现在他们具备林业岗位通用的基本技能和林业专业及其他特殊技能。林业高技能人才在实际的生产操作中，能够基于丰富经验及技能迅速发现和解决操作中的技术问题，完成一些较为复杂和关键的任务。

4. 成长的渐进性

由于林业生产周期长等特征，林业的高水平技能人才上岗后需要较长时间的基层岗位磨炼。有效的生产实践是培养林业高技能人才必不可少的条件，只有深入一线岗位进行实践锻炼，林业技能人才才能有效提升专业技能水平。

5. 岗位的针对性

林业高技能人才的成长存在技艺、技能提升的渐进性特征，这意味着他们必须在实际生产和工作实践中逐步提高自身能力。林业高技能人才水平的提升需要经过一线岗位的训练和学习。所以，林业的高水平技能人才的培养和发展务必与林业的业务发展相融合，使人才在岗位中不断实践、不断提升，进而实现个人能力和职业的双向发展。

6. 突出的创造性

林业高水平技能人才在个人专业领域的创新行为是个人创新性的主要体现。通常情况下，初、中级林业技能人才主要从事熟练劳动，要熟练掌握苗木的栽培管理及病虫害防治等相关技能，而林业高技能人才从事的是更加复杂的工作，需要具备更为先进的信息化技能。

7. 素质的全面性

专业知识、专业能力、技能技巧的整合是林业高水平技能人才才华的集中体现。因此，现代林业高技能人才必须经历高等职业院校专门的教育培训，掌握更多现代科学理论和技术；经过多次现场实践，将专业技能融会贯通；在加强科学技术知识和实践经验的基础上，融会贯通，培养和提升解决生产实际问题的能力。

8. 发展的动态性

在过去，我国的林业主要依赖木材采伐产业，随着国家天然林保护工程的实施，我国林业政策开始侧重资源保护和生态建设，这导致相关产业需要更多懂得资源保护和资源培育的高技能人才。

（四）智能制造生产人员能力特征分析

生产制造智能化已然成为大国之间竞速的重要赛道，所以各国都将生产制造业智慧化转型、机械化升级的创新推动作为国家重点科研项目。随着各国对低碳环保口号的积极响应，绿色化生产和智慧化制造成为当前科技创新发展的两大趋势。通过对不同岗位任务和职业能力的分析，智能制造生产人员需要具备以下方面的能力特征。

1. 岗位技能

伴随制造业的智慧化升级，员工胜任力又增加了新的内容。员工胜任力包括元胜任特征、行业通用胜任特征、组织内部胜任特征、标准技术胜任特征、行业技术胜任特征和特殊技术胜任特征。制造业的智慧化升级对员工胜任力的各项构成指数做出更高的要求。在智能制造企业中，特殊技术胜任特征显得尤为要紧，因为这些技术往往是实现差异化竞争的关键。同时，智能制造企业也更加注重行业标准和国际标准，这意味着员工需要了解并遵守这些更为广泛的标准和规范。与传统制造业相比，元胜任特征在智能制造中的地位也发生了变化。虽然它们在传统制造业中可能没有被明确纳入考核指标，但在智能制造环境下，这些特征变得尤为重要。因为它们涉及员工的自我驱动力、学习和发展能力等关键素质，对于适应不断变化的工作环境至关重要。

2. 信息技能

《中国制造2025》明确提出，应将深度融合新一代信息技术与制造业为核心路径，将智能制造视为发展主线[30]。我们需要加速研发智能制造装备和产品，推动制造过程向智能化转型。同时，要进一步深化互联网在制造领域的应用，加强互联网基础设施建设。智能制造领域的员工除了需要具备操作岗位的信息接收和处理技能外，还需要掌握多项信息能力，如管理、组织协调、沟通建议及绩效评估等方面的技能。

3. 创新能力

除了传统意义上的产品和技术创新外，创新还应该包括思维、信息、管理、合作和沟通等方面的创新。企业需要不断更新观念和产品，生产人员也需要在生产制造中不断寻找、学习和掌握新的工艺技术及方法，来提高工作效率和生产质量。这就需要生产人员能够熟悉并应用智能制造技术，利用相关技术在生产制造中提高质量和效率；能够自主研发和改良智能制造设备、工具和工艺流程，提高生产线的自动化程度和智能化水平；为促进企业的持续发展和行业创新，需要同其他职能部门开展互联合作。

4. 协作能力

在智能制造的背景下，企业面临着更为严格的人员和过程管理挑战。产品结构的日益复杂化意味着单品生产周期延长，对技术和资源的要求更高，生产流程的层次也更为多样化。在生产流程中，企业必须实施全面的物流管理，需要跨部门、跨职能的合作，通过信息化手段提升整个生产过程的效率和协调性。

5. 沟通能力

伴随企业合作的日益密切和生产环境的逐渐开放，沟通能力已经成为不可或缺的职场技能。无论是管理层还是销售团队，甚至生产岗位的员工，都需要具备出色的沟通技巧来应对各种工作挑战。所以，员工需要持续更新自己的沟通技巧，在持续变化的工作环境中，建立更为和谐的人际关系，提升工作效率和团队凝聚力。有效沟通可以促进企业内部各部门之间的协作，也可以提高企业与客户之间的沟通效率，进而增强市场竞争力和企业发展潜力。因此，企业应该注重提高员工的沟通能力，营造良好的沟通氛围，打破各部门之间的壁垒，实现互相合作，共同推动企业的发展。

6. 管理能力

在智能制造的潮流中，每一位员工都扮演着重要角色。他们不仅是生产线上的关键环节，更是推动创新和变革的核心力量。根据生产需要，员工需要具备独立思考和提出创意的能力，将这些创意转化为实际产品。这使得工作权限在各个岗位上得到更广泛的延伸，工作职责的范围也得到极大的拓展。在智能制造领域，员工不仅是执行生产的操作者，也是自我管理的践行者。同时，核心管理者，需要发挥领导力，激发团队潜力，共同推动团队不断向前发展。这种方式赋予了员工更多的权利和责任，每个人都有机会成为企业的创新产生者和推动者，共同协作、共同进步，使企业在市场上更具竞争力。

7. 责任感

随着工业和信息化的深度融合，机械制造等行业越来越智能化、灵活化、网络化、精密化和全球化。在这种情况下，传统的企业设计和生产分离、生产和销售分离的生产方式已无法满足需求，需要持续性创新与生产结合在一起，以增加企业产品竞争力。这一理想发展模式的实现，除了需要企业加大在政策激励方面的投入外，员工创新发展的积极性也是重要的动力源。生产人员需要具备更多的知识和技能，同时拥有更强的主动性和创新意识，才能满足市场客户日益增长的个性化需求，促进企业的发展和壮大。

8. 学习能力

学习是支撑创新的关键，持续有效的知识研学能够促进个人和组织的发展。另外，企业还可以借助提供培训和自主学习的机会，激励员工持续进步和成长。在学习方面，外部和内部资源可以相互结合，如通过岗位学习和其他形式的学习提升员工的综合素质。

三、社会生产生活服务人员中的科技工作者

（一）社会生产生活服务人才特征分析

传统社会生产生活服务人员中的科技工作者特征主要体现在智力因素与非智力因素方面。其中，智力因素是从创新能力、创新质量、创新意识等角度探索创新型科技人才特征，虽然创新型科技人才呈现出多种特征，但最具有代表性的特征就是个性化；动机特性和性格特性是非智力因素的主要构成。此外，社会生产生活服务人员中的科技工作者需要一定的权力，企业环境能够直接影响社会生产生活服务人员，而"以人为本"的企业文化能够使社会生产服务人才在环境中得到最大程度的释放。因此，社会生产生活服务科技工作者具有率真、自控力强等特征。

（二）旅游服务人员能力特征分析

随着科技的迅速发展，软件和信息技术服务（数字技术）在推进文旅产业发展的同时也带来了巨大挑战。人脸识别技术、视频智能分析技术等的运用、大数据统计等为旅游消费者提供安全的旅游环境，促进了文旅高质量的发展。此外，为了不断提高旅客满意度，旅游服务人员应具备先进的管理理念，充分利用信息技术、数字资源，增强产品、市场及服务之间的契合度，以此全面提高服务行业的管理水平和促进服务行业的发展。所以，旅游服务人员应当具有深厚的信息素质。

时代的迅速发展，对旅游服务人才的要求逐渐增高。为了能够适应时代发展，旅游服务人才应该具备以下特征。首先，能够熟练使用互联网、云计算，能够有效掌握旅游消费者的基本信息，还要能够有效地对各类信息进行分类、解析和鉴别，问题发生时能够迅速做出恰当的应对。其次，及时更新

旅游资源，了解开发新的旅游产品，能够在消费者旅游结束后及时调查反馈信息。再次，旅游服务人员还需具有较好的创新思维。身处提倡创新的时代，创新是每个领域、每个行业发展的动力，所以旅游行业应跟随时代发展不断创新和改革，主动迎合社会发展，拓展服务理念，根据实际情况定制个性化服务，让游客全方位感觉到旅游服务人员的工作态度，带给消费者高品质的体验。最后，为了更好地满足游客的需求，旅游服务人员需要不断探索新的营销策略，关注社会动态和流行词汇，利用现代科技手段向游客提供及时、准确的信息。这就要求旅游服务人员具备高度的实践操作能力，能够熟练运用各种软件和技术工具来提升服务质量。

（三）养老服务人员能力特征分析

养老服务人员致力于为老人创造温馨、舒适的生活环境，让他们享受关爱的同时保持身心健康。因此，养老服务人员应当注意调节老人的心理、情绪，引导老人随着社会发展做出相应改变，不与社会脱节。养老服务人员能力特征是一种标志，是职业能力的体现形式。

关爱老人是养老服务人员的核心特质。因为养老服务不仅是一种职业，更是一种深沉的关爱。养老服务人员需要带给老人一种亲切的感觉，不求回报的感情，这样才是合格养老服务工作者带给社会的感觉，也是职业道德的一种体现。

养老服务从业者必须真心热爱自己的工作，坚信养老服务是一项崇高而光荣的事业，深知其对社会的重要价值。只有具有这种一致感，才能唤醒工作的热情，无畏辛苦，在养老服务工作中展现卓越的表现。此外，养老服务工作者还应具备心理阳光的职业特征，养老服务工作者的工作性质与幼儿教师类似，幼师关爱的是小朋友，而养老服务工作者关爱的是经历人生的老人。社会生产生活服务人才是综合型人才，不仅需要具备良好的思想道德、个性心理素养、身体素养等，更应该具备创新意识及创新能力。因此，综上所述社会生产生活服务人才具有优越性价值、稀缺性、难以模仿性的特征。

第五节
创新型科技人才基础评价内容及过程探赜

一、创新型科技人才评价准则

（一）评价标准

随着科技进步和时代发展，创新已经成为现代社会与产业发展的重要驱动力。企业和社会组织现在更加重视引进和培养有创新精神、创新思维、创新能力的人才。但如何进行创新型人才的评价是多数企业面临的首要难题。

1. 能力标准

创新型人才是具有多种能力的综合体。这些能力可以包括但不限于快速学习、较强的逻辑思维、问题解决能力、优秀的沟通技巧等。在评估这些能力时，可以采用多种方式进行评估，如相关测试、面试等。这些评估结果将综合形成对一个人能力的全面评价。

2. 成果输出

成果输出是衡量人才价值的公正准则。是否有过优秀的成果、是否参与重要项目，是否获得过奖项、荣誉等，都可以成为衡量创新型人才的标准。

3. 团队精神

创新很少是单打独斗做出来的，团队精神是很重要的评价标准。评价人员需要了解候选人在重大项目中的协作表现、对他人的尊重和帮助、对共同目标的理解和认可等，以此判断其是否具备良好的团队精神。

4. 独立思考和行动

创新型人才常常需要独立思考行动诉求，这类人才在涉及领域中时常产生独特的产业、项目见解和想法。考察其是否具备自主创新能力和实际操作经验是检验候选人独立思考与行动能力的关键。

上述标准是用来评估创新型人才的，但请注意，这些标准并非固定不变的准则。多方面的评价可以帮助评估者更全面地了解候选人的能力和素质，使其做出更恰当的评价和决策。对于不同的企业和组织而言，评价标准存在差异，但是评价的公正性和主观性是需要共同遵守的标准。

（二）评价原则

从目前情况来看，对创新型科技人才的评价，要具有综合性、全面性特征，但在社会多元产业背景下，所有企业不可能形成完全统一的标准。评价应该是一个有益的反馈机制，帮助个体识别自己的优势和不足，从而在后续的学习和工作中逐步完善自我。这样的评价方式能够更好地激发每个人的潜能，促进整体的发展和进步。因此，评价创新型科技人才时，需要遵循以下原则。

1. 评价内容全面化

我们应该深刻理解，每个人的智能都是多样和独特的，都有各自擅长的智力范围。所以，评估创新型科技人才时，虽然应该重点关注创新性优势，但也不能忽视其在其他领域的能力。

一是学科基础知识。主要是科技人才的知识掌握程度、知识应用能力、学科前沿概念认识、知识更新速度及学科专业素养等。"知识掌握程度"重点评价科技人才所掌握的学科基础知识的深度和广度，包括掌握的学科理论、学科应用方法和技能等。"知识应用能力"主要评价科技人才在实际工作中运用学科基础知识解决问题的能力，包括成果的创新性。"学科前沿概念认识"主要评价科技人才对学科前沿知识的认知和理解程度，包括他们对学科未来发展趋势的看法。"知识更新速度"可以表述为评价科技人才对于新知识的接受能力和持续学习的态度，以及他们对于专业领域发展的敏锐度和适应能力。

这涉及他们对个人、对专业知识的理解深度，以及能否及时更新和扩充自己的知识库。"学科专业素养"重点评价科技人才在学科专业素养方面的表现，包括他们在学科研究、教学和科技创新等方面的应用能力和专业素养。

二是科技人才的心智技能评价，主要是为了更好地认识科技人才在创新方面的优势和潜力。评价科技人才的创造性思维，包括他们是否能够发现问题、提出新观点、创新解决问题的方法和策略；评价科技人才的批判性思维能力，包括他们是否能够有效分析问题、评估推理、识别偏差和错误等；评价科技人才的自学能力，包括他们是否掌握有效的学习策略、积累有效知识、在完成任务过程中不断提升自我素养、成为更优秀的科技人才。

三是科技人才的创新实践能力。关于科技人才的创新实践能力的评价是综合的，包括：评价创新项目的质量，创新型科技人才应该能够独立或团队合作开展创新项目，并取得有意义的成果；评价创新型科技人才是否能够将科技成果转化为实际生产力，提高工作效率和降低成本；评价创新型科技人才是否具备领导和管理团队的能力，以创新和实践为导向组织和协调团队协作。

2. 评价过程动态化

对于创新型科技人才的评价过程应该动态化，即这是一个长期的、连续的过程，以跟踪科技人才的学术和职业发展为目的。这意味着评价过程不是仅针对某个时间点的单一评估，而是长期地监测、提供反馈和指导。具体而言，要强调过程评估，将前置性评估、过程性评估和总结性评估有效地结合起来，以实现全面的动态评估。

评价开始前，要根据不同科技人才的特点，建立个性化的评价标准和指标，针对性评估其学术和职业发展情况。在评价过程中，要采用多种评价方式，不仅可以通过面试、测试、考核等传统方式进行评估，还可以通过测评、追踪、反馈等方式，从多个角度全面评价科技人才的综合能力和潜力。评价过程结束后，要通过定期的评价反馈和指导，促进科技人才的学术和职业发展，提高其综合能力和潜力，以适应未来的科技发展趋势。

我们要重视评估过程中的价值判断，并不是要完全忽略终结性评价的作用，而是希望通过关注科技人才的发展过程，更好地理解他们的能力和潜力，为他们提供更多的发展机会。

3. 评价标准多元化

传统教育评价侧重于选拔人才，即把同一领域或同一岗位的人员进行比较，用来评价个人在该领域或岗位中的表现。这一方式虽然有利于人才能力的比较和竞争，激发人才的创新意识和奋斗精神，但是这种标准有一定的弊端：一是可能扭曲评价目的，即竞争是以相对优劣为导向展开，当优秀人才比较突出并聚集在基础设施较好的地区，会影响人才评价的公正性，评估结果可能有一定误差；二来不利于人才合作，相对标准往往鼓励竞争，人才间的竞争可能带来一定竞争内耗，并影响人才的共同发展和进步。为了确保每一位科技人才都能在发展区上成长得较好，仅依赖一种标准是不够的。为了实现评价标准的多元化，需要建立一个结合绝对标准、相对标准和个体标准的评估体系。绝对标准是用于评估科技人才是否达到教育目的的客观准则。采用这一准则，不但可以解决团队内部的排队和名次竞争问题，还可以让科技人才更好地认识自己的实际能力和进步情况，从而激励大家共同追求目标。个体标准是为了让每个人都能在适合自己的领域中获得更好的发展而制定的。通过这样的评价方式，科技人才可以更好地了解自己的长处和短处，从而更好地规划自己的职业发展路径，实现更好的个人成长和发展。

通过多元化的评价标准，科技人才可以更好地认识自己，发现自己的特殊需求，并不断调整和激励自己，从而实现全面发展。这有助于他们更好地应对未来的挑战，充分发挥自己的潜能。因此，坚持多元化的评价标准是促进科技人才的发展和成长的有益方式之一。

4. 评价方式多样化

对创新型科技人才的评价，不仅需要考察其学科基础知识和专业技能水平，还需要关注其创新实践能力和团队协作能力。因此，为了确保评价结果的准确性和可靠性，我们需要采用有针对性的、灵活的评价方式。例如，对于学生，可以采用考试、作业、项目实践等方式进行评价，反映其学科基础知识和专业技能水平；对于研究生，可以采用发表学术论文、参与科研项目等方式进行评价，反映其创新实践能力和研究成果的质量；对于工程师或技术人员，可以采用参与项目、技能展示等方式进行评价，反映其实际应用能力和团队协作能力。另外，评价方式可以同时包括定量的数值分析和定性的描述性分析。简单的定量评价可能过于僵化，缺乏灵活性，因此需要结合定性评价来获得更全面、更准确的结果。采用档案袋法、学生成长手册法、观察法、活动法、日记法等方式全面了解评价对象，发现其特点和问题，并提供有针对性的建议和帮助，促进其更好地发展。

综上，为了确保创新人才培养质量的可靠性，要注重评价指标的多元化和灵活性，以全面反映被评价对象的实际情况，并确保评价的实施具有可行性和可操作性。考虑到创新人才培养过程的多样性，评价原则应该具备多元化的特点。构建评价体系时，必须充分考虑其可行性，评价结果应该能准确反映人才培养的质量，并且满足科学性和合理性要求，只有这样，评价体系才能真正发挥作用。

二、创新型科技人才评价主体方式

评价主体在科技人才评价中扮演着至关重要的角色。这些主体负责实施评价过程，确保评价的公正性、准确性和有效性。评价主体可以是不同的机构或组织，如用人单位、第三方机构、市场主体和评价中心等。在对科技人才评价的过程中，评价主体选择恰当的评价方式用于评价对象，得出相应的评价结果，其中评价方式的选择和创新是关键环节，它对于评价结果的准确性与参考价值起到决定性作用。

（一）评价对象

随着时代发展，科技进步对于人类社会的影响越来越大，尤其是近年来人工智能、物联网、区块链等技术的发展，为社会与产业发展带来巨大机遇和挑战。创新型科技人才是现代社会中非常重要的资源，科技的不断进步和发展，对这种人才的需求也越来越高。对企业来说，拥有优秀的科技人才是至关重要的，这不仅可以提高企业的竞争力，还可以推动科技的进步和创新。

第五节　创新型科技人才基础评价内容及过程探赜

创新型科技人才可以分为基础层科技人才、应用层科技人才、创新层科技人才。基础层的科技人才一般是能掌握和应用基础理论、具有扎实的学科基础、熟悉相关技术且从事科技研究开发或者工程实施工作的专家、教授、工程师、技术人员等；应用层科技人才是能够结合实际需求，研究开发新的技术或者使用现有技术解决问题的专业人才；创新层科技人才是在新技术、新领域、新产业中能够推进整个行业变革和进步的顶尖专家、学者、创业者等。

基础层科技人才的专业能力对于科技行业的发展至关重要，并且为整个科技人才队伍提供了基础支持。他们掌握着学科的核心理论知识，并且有扎实的实践经验。在科技研究开发、工程实施及技术服务等方面发挥着重要的作用。基础层科技人才是工程和科技项目成功的关键因素之一。他们的技术支持对于项目的顺利实施和成果产出至关重要。基础层科技人才对企业来说至关重要，因为他们是支撑业务发展的基础，他们的研究成果通常是后来的工程师和专业人才借鉴与技术应用的基础。

应用层科技人才能够将基础理论与现实结合起来，解决实际问题，在技术应用和科技创新方面发挥重要作用。应用层科技人才通常在工程实施、技术咨询、技术培训等方面扮演着重要角色。他们需要具备实际操作和问题解决的能力，以便在工作中应对各种挑战和问题。重要的是，应用层科技人才不仅能够运用现有的技术解决实际问题，还能够根据市场需求、行业发展等因素推动技术创新，为企业带来更多的机遇。

创新层科技人才是引领科技创新潮流的领袖人物，他们具备独特的创新思维和科技能力，能够推动科技进步和社会发展。创新层科技人才的优秀成果最终引领整个行业的发展方向，或者引发一场行业性的革命。创新层科技人才往往具有高度的独立性和领导才能，能够独立、组织开展科研或者创业项目，并在现有技术基础上实现技术突破。

除了上述三层人才结构，还有一类人才被称作"复合型人才"。复合型人才通常掌握多种技能，能够跨领域应用多种技术和知识解决技术发展中的挑战，这类人才也是今后人才培养发展的主流方向。复合型人才具备跨越不同领域的知识和技能，能够为企业提供全面的解决方案，帮助企业更好地应对复杂多变的跨界问题。复合型人才能够发现不同领域的知识存在的联系和相似点，并通过整合不同领域的知识创造新的技术和业务模式，这种创新思维也为技术应用主体提供了多元的业务发展思路，推动企业的可持续发展。总之，创新型科技人才在其结构组成和团队角色上各有所长。企业的成功离不开各级员工的共同努力。只有通过有效的团队合作，企业才能应对各种挑战，抓住机遇，实现长期稳定的发展。在未来的劳动力市场中，越来越多的企业主动招聘和培养复合型、创新型的科技人才，以适应越来越激烈的市场竞争。

（二）评价主体

在以科技为主导的社会中，科技人才愈发重要，科技人才评价越来越受到关注。评价一个人的能力和资质是一项复杂的任务，特别是在科技领域中，需要更多的专业知识和技能判断。因此，对于科技人才的评价，业内、同行和第三方都有各自的优势，并从不同的角度进行评价。

首先，业内评价是一种备受认可的评价方式，因为它来自那些对该领域有着深入了解和丰富经验的专业人士。业内人士在科技相关领域中具有多年经验，对于所在行业的发展趋势、技术方向、市场需求和人才需求有较深刻的了解。他们对于从业者的技能和能力有着更加深入的认识，能够更全面地评估其个人优势与劣势。同时，业内人士还可以根据自己的经验，对从业者的未来发展提出可借鉴的建议。在实践中，业内评价一般会采用专业的技能考核、工作表现评估、项目经验等指标，这些评价指标确保评价符合业界标准和实际需求。

其次，同行评价是一种极具参考价值的评价方式，它着重评估被评价者的创新性和贡献度。在同一领域内工作的人，具有相似的经验和知识体系，他们比其他人更能够理解和欣赏行业中的创新想法和最新学术发展。同行评价的渠道具有多元化特征，如会议、评估委员会、研讨会等。这些渠道可以促进同行之间的互动交流、经验和知识分享，激发创新并提升行业的整体水平。此外，学术期刊也是展现同行学术、技术水平的重要参考，而同行评审能有效确保文献的质量和可信度，同时可以提高发表者在业内的声誉和学术可信度。同行评价就像一座桥梁，连接着职业发展和行业发展。它是推动行业进步的关键环节，能够促进专业人士之间的交流和合作，共同提升行业的整体水平。

最后，第三方评价从一种独立、专业的评估视角进行评估，对于各个领域的深入了解和准确判断都至关重要。它可以帮助企业、组织和个人了解自己在相关技术领域中的层次水平和个人发展优劣势。包括雇主、招聘人员、投资者和消费者在内的各方都可以从第三方评价中获益。第三方评价机构具有独立性和权威性，其能够根据公认的标准和方法来评价科技人才，这种评价方式不仅可以为科技人才提供真实而公正的反馈，还有助于招聘、推广和背书。此外，第三方评价还能帮助科技人才和企业提高市场竞争力，使其获得更多业务机会并提高客户满意度。综上，第三方评价作为行业标准和人才质量评价方式之一，可以帮助企业和组织发展趋向专业化和规范化，为科技人才提供了公正、客观、可信的评价，提高了行业的整体水平。

总之，科技人才评价必须由业内、同行和第三方主导，多方评价和审核才能更全面、客观地评估科技人才的业务水平和能力优劣。针对不同评价方式的优缺点，我们可以灵活地选择最符合需求的评价方式，从而实现更准确、更有效的评估。

（三）评价方法

检索现有文献，发现有关科技人才评价的方法根据评价目的和用途、评价时间、评价结果、评价技术与手段的不同可大致分为四类，本书着重分析和比较基于不同评价目的和用途的科技人才评价方法，包括科技人才招聘选拔性评价、岗位配置性评价、考核鉴定性评价和培训开发性评价。这一类方法强调评价过程的程序性，一般情况下往往设立专家组，因此专家评价发挥非常重要的作用，评价结果综合了定量打分和定性评级的评价方法。

1. 科技人才评价方法研究：从选拔、配置到考核

随着科技的不断发展，科技人才的重要性已被充分认知，并且各个领域

都在大力培养和选拔科技人才。本书将以科技人才评价方法为主要研究对象，围绕科技人才的选拔、配置和考核三个方面展开论述。

（1）选拔科技人才

只有建立合理和公正的科技人才选拔机制，才能够真正发掘和培养具备科技创新能力和潜力的优秀人才，从而推动科学技术的发展和进步。本书从如下几个方面进行具体分析。

◎能力评价。选拔科技人才时，应该采取综合性的评估标准，全面考虑一个人的能力、素质和潜力，以确保选拔出的人才真正具备所需的技能和素质。

◎综合评价。一个科技项目的运行，不仅需要专业人才，还需要具有技术方案设计、质量控制、人力资源管理等能力的人才。因此，如何进行综合评价，成为确定晋升科技人才的关键因素之一。

◎稳定性评价。考虑人才的离职风险，可以在员工离职数据、员工链表和口碑等方面评价人才的稳定性。

（2）配置科技人才

配置科技人才指的是根据不同的科技项目和工作需要，合理安排科技人才的工作内容和具体任务。具体做法如下所述。

◎工作分配。配置科技人才的过程中，需要合理分配不同人才的工作任务，通过考核确保每个人都在自己擅长的领域中发挥最大的作用。例如，专家、技术主管等在研发阶段可以担任重要负责人的职责。

◎参与科技活动。由于科技活动要求不同领域、不同背景的人员配合，所以，科技人才需要与其他专业人员合作参与不同的科技项目。这有助于科技人才更好地融入团队，发挥互补的优势。

◎人才培养。配置科技人才不仅是为了满足当前项目需求，更是为了长远考虑。通过不断学习和拓展，科技团队可以更好地应对新的挑战，抓住新的机遇，从而推动科技的进步和创新。

（3）考核科技人才

科技管理中的核心环节是科技人才考核。通过定期的绩效考核，掌握科技人才的工作情况、工作水平、创新能力等,进而评价其工作质量和绩效。

◎目标管理。提升科技人才绩效的核心是设定明确的目标和指标。管理者应确定具体、可量化的目标,使科技人才能够有针对性地参与项目活动,增强他们工作的积极性。

◎绩效评价。衡量科技人才表现的关键方法是绩效评价。企业应结合行业属性、经营特点、科技人才类型、企业文化等因素,采用创新的绩效考核方式方法,如单独使用或综合运用OKR[31]、360度绩效考核[32]、KPI[33]、BSC[34]等方式开展绩效考核。相关研究认为,企业应该采用多种方法对科技人才进行多维度的评价,但是在使用各种评价方法时需要把握其使用场景,充分发挥评价方法的优势和特点。

◎建立激励机制。为了激发科技人才的热情和动力,需要建立一套完善的激励机制。这种机制应该包括正向激励和负向激励两个方面。正向激励可以采取奖金、晋升和荣誉等形式,负向激励包括扣减工资和降职等手段。

◎持续发展。考核并非只是人才评价的一个孤立环节,而是与人才发展紧密相连的重要过程。管理者应该注重科技人才持续的职业发展潜力,并为其提供必要的支持和保障。在持续发展方面,可以推出科技人才培训计划和职业规划等方案,为科技人才提供更多的发展机遇和平台。

综上所述,科技人才评价方法是确保科技创新和发展的关键因素之一。在选拔、配置和考核的过程中,需要建立科学、公正的评价体系和标准,加强人才的培养和发展,持续推动科技进步和发展,为国家和社会做出更多的贡献。

2. 科技人才评价周期与评价方式的差异性研究

科技人才在社会中的地位日益凸显。科技人才的评价,是科技发展支撑的重要保障,因此评价周期和评价方式的差异性成为研究的重要议题。

首先,评价周期的差异可以理解为评价频率的不同,主要体现在评估评价对象的频次上。我国科技人才的评价一般按照年度进行,通常每年底进行一次科技人才评价。在一些发达国家,科技人才评价按照项目周期进行,例如,一个研究项目的周期为3年,则每三年进行一次评价。相比之下,我国的评价周期较短，这反映了中国在科技创新方面更追求速度。

其次，评价方式的差异性很大。我国科技人才的评价方式一般基于绩效考核，如发表论文的数量和质量、科技成果的产出、专利的申请等，还包括创新能力、团队协作能力和服务意识等。而在一些国家，除了绩效考核外，还会进行同行评议，即由专家组成的评审委员会对科技人才进行评价，这种方式可以较全面地评价科技人才水平。一些科技公司还会使用360度绩效评价等方式，从不同角度评价员工的工作表现。

总的来说，不同国家和行业的文化和制度差异，会对评价周期和评价方式的选择产生影响。这种差异性导致科技人才发展受到不同方式的影响，进一步影响他们的发展轨迹。在科技人才评价过程中，我们需要关注评价的公正性和科学性，努力打造能够合理反映科技人才实力的评价机制。

3. 创新性的定量评价方法在科技人才评价中的应用研究

科技人才评价是现代社会考量人才贡献、动态性、可比性和适用性的重要方法。然而，处理信息时，传统方法常常面临诸多挑战，如信息的完整性难以保证、精确度不够高、缺乏客观性等问题。为了克服这些问题，越来越多的学者将计算机技术、数学、统计学分析工具应用于科技人才评价，形成了一种称为定量化分析技术的方法[35]。定量化分析技术包括各种数学模型和算法，主要从定量角度评价不同科技人才的贡献。这种方法在评价过程中强调数据的客观性和准确性，可以更好地评价科技人才的创新性、贡献和影响力。定量化分析技术可以从以下几个方面展开。

首先，可以通过数据挖掘和机器学习方法分析科技人才的作品和成果，评估其创新性和贡献。这种方法可以挖掘出隐藏在文本和数据中的信息，并通过数据分析工具构建相应的评价模型和算法，以便更准确地评价科技人才的实际情况。

其次，可以使用统计学方法，如因子分析、主成分分析和回归分析，构建科技人才评价模型。这些模型可以通过分析不同因素对科技人才创新性和贡献的影响，更准确地评价各科技人才的发展水平和能力。运用这些模型还可以预测科技人才未来的发展趋势和方向。

最后，可以通过交叉引用分析和社会网络分析方法来评估科技人才的影响力。这些方法可以通过分析不同科技人才之间的关系和交互作用，以及他们与其他同行和机构之间的联系，评价其在科技领域中的影响力和声望。

王鲁捷（2003）等学者将科研院所人才作为研究基础，着眼于科技人才的科研能效和可持续发展动力，科研人才绩效评价包含多种因素、不同群体和多个指标，具有多元化、交叉性和复杂性特征[36]。为了公正地评估科技人才的工作表现和成果，我们需要制定一套有效的评价标准和方式。这种方法可以更为客观地反映科技人才工作质量，在科技人才培养和选拔等方面提供一定的参考。贺德方（2005）则基于知识管理的高级形态网络力量，建议采用以科技人才评估数据信息资源平台为基础的动态评价模式[37]。该模式强调对科技人才的全过程观察和评价，包括科技人才培养、工作表现、成果贡献等方面的综合考虑。通过对科技人才的动态评价，可以更好地发现科技人才的潜力和不足，并采取相应的培养和管理措施。胡瑞卿（2008）等学者建立了一个多层次科技人才合理流动评价指标体系，并使用层次分析法来确定各指标的权重。通过这个评价体系，可以对科技人才流动的合理性进行评估[38]。这种方法突出了科技人才在不同领域、不同岗位和不同阶段的流动性和适应性，旨在推动科技人才的流动和合理利用。通过对科技人才的流动情况进行评价，可以促进科技人才的集聚和流通，提高科技人才的综合素质和整体竞争力。

上述学者从不同角度对科技人才评价进行了研究，分别在科技人才绩效评估指标体系构建、科技人才动态评价模式、科技人才流动合理性评价等方面提出了创新性的定量评价方法。这些研究与传统的基于文字资料审查和同行评议等定性评价方法不同，能够更好地考虑到科技人才评价内容的多样性、评价对象的环境依赖性以及评价指标体系的复杂性。因此，这些研究为科技人才的培养、选拔和管理提供了宝贵的指导和启示，有助于企业和组织更好地理解和利用科技人才资源，推动科技进步和社会发展。

随着经济的进步，社会对具备创新能力的人才的需求正在不断增长。然而，如果没有一个科学的分类标准，那么对人才进行评估时可能出现很多问题。因此，在科技人才评价方面，建议根据人才特点和性质，将科技人才分为基础科研型、应用科研型、工程技术型、科技管理型等类型。在人才评价过程中，应该注重设置中长期的评价目标，并以代表性成果为重点进行合理评价。评价方式应该注重考虑业绩和潜力、过程和结果相结合的特点，完善容错免责制度，创造有利于创新、容忍失败、专注研究的良好环境。同时，还应当建立动态调整机制，鼓励科技人才在不同领域、不同岗位实现自身科研价值，避免采用"一刀切"的方式评价不同学科、不同阶段的科技人才，这样可以更好地发掘和培养具有创新能力、市场竞争力的科技人才。

综上所述，定量化分析技术在科技人才评价中的应用对于提高评价的客观性和准确性、增强科技人才的创新性和贡献具有积极的作用。然而，应用这些方法时要注意，评价指标的设置应该符合科技创新的特点和不同情境的需求，评价过程应该透明、公开和科学，避免主观因素的干扰。只有这样，定量化分析技术才能够更好地作为科技人才评价的有力辅助手段，推动科技创新事业的发展。

三、创新型科技人才评价主要过程

（一）创新型科技人才评价内涵

人才在科学传播、科学发展和科学进步中扮演着重要的角色。他们不仅是知识的传播者，还是科学的引领者和推动者，对科学的发展和进步起着至关重要的作用。人才是科学研究的引擎，是推动科技进步的关键因素。他们的智慧、创造力和努力是引领科技发展的核心力量，决定了科技创新的方向和速度。那么，人才是什么？尽管许多学者在国内外的学术界对创新型科技人才的概念进行了深入探讨，但不同的学者有不同的见解和观点。因此，对于创新型科技人才的概念，一直没有形成一个统一的认识。《人才学词典》对人才的定义是在科学研究中，其成果在同行中具有较高的认可度和影响度，能够基于自身掌握的专业知识、技术在某一个领域做出贡献的人。桂邵明（2021）等学者

第五节 创新型科技人才基础评价内容及过程探赜

认为，人才是在特定领域为社会做出杰出贡献的人[39]。罗洪铁（2007）在《人才学原理》中将人才定义为在特定环境下，能够利用特定工具创造特定成果的人[40]。我国《国家中长期人才发展规划纲要》将人才定义为在某一领域内，利用自身特长和专业知识做出突出贡献的人。简言之，人才就是在特定领域具备专业技能和知识，并能够为社会做出积极贡献的人。

从上述情况来看，学术界对于"人才"的定义尚未达成一致。高校和学术组织机构对于人才的概念和认知，因地域差异和学科特性等因素而有所不同。这意味着对于人才的理解和定义，存在多元且复杂的观点。

因为学科和领域的不同，学者对于"评价"这一认知活动的理解也存在区别。评价标准因评价对象的不同而有所差异。对教师而言，评价标准包括教学能力、课堂氛围和教学结果；对企业员工来说，评价标准包括出勤率、工作完成情况、礼仪和外表；对于市场人员的评价，选择与绩效相关的指标作为评估标准是很重要的。由于不同行业和不同岗位的评价标准存在差异，因此评价的内涵相应地有所不同。所以，评价时需要考虑不同行业和不同岗位的特点，制定相应的评价标准，确保评价的客观性和准确性。尽管学者对"评价"的内涵有各种各样的解释，但总体而言，内涵没有改变。评价可以被视为对现有事物进行评估和衡量的过程，它依赖于一定的标准来评估各项指标的优劣。评价过程中，内容是基础，其丰富性和稀缺性直接影响评价结果。

综上，制定一套详细的指标和权重，用于评估和量化优秀人才对社会的贡献是十分必要的。这个体系不仅有坚实的理论基础，而且还有实际的应用价值。它为社会科学领域的杰出人才提供一个公平、透明的评价标准。这个体系不仅关注个人的学术成就，还考虑其对社会的实际影响和贡献。通过这种方式，企业和组织能够更准确地衡量一个人的价值，并为社会的发展和进步提供更有力的支持。

（二）创新型科技人才评价过程

1. 创新型科技人才评价过程（见图5-1）

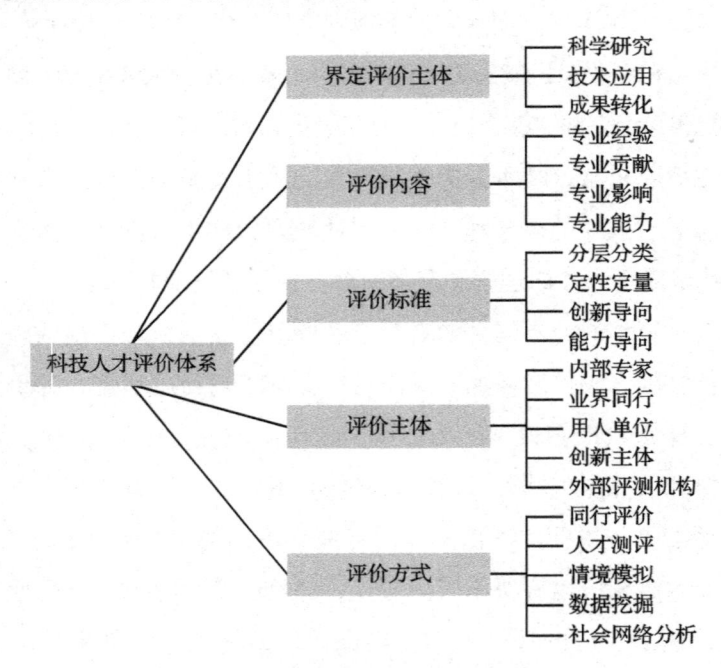

```
                      ┌── 科学研究
        ┌─ 界定评价主体 ─┼── 技术应用
        │             └── 成果转化
        │             ┌── 专业经验
        │             ├── 专业贡献
        ├─ 评价内容 ───┼── 专业影响
        │             └── 专业能力
        │             ┌── 分层分类
        │             ├── 定性定量
科技人才─┼─ 评价标准 ───┼── 创新导向
评价体系 │             └── 能力导向
        │             ┌── 内部专家
        │             ├── 业界同行
        ├─ 评价主体 ───┼── 用人单位
        │             ├── 创新主体
        │             └── 外部评测机构
        │             ┌── 同行评价
        │             ├── 人才测评
        └─ 评价方式 ───┼── 情境模拟
                      ├── 数据挖掘
                      └── 社会网络分析
```

图5-1 科技人才评价体系构建

2. 清晰界定被评主体

在人才评价中，评价主体对评价对象进行定义和评价，因此，明确评价主体至关重要。《关于分类推进人才评价机制改革的指导意见》对科技人才进行了分类，包括从事基础研究的人才、从事应用研究和技术开发的人才、从事社会公益研究、科技管理服务和实验技术的人才等。为了确保评价的准确性和公正性，必须对各类科技人才的评价主体进行精确界定。

科学研究人才，从事科学基础研究和应用研究的人才，主要是负责科学或技术前沿型研究和科学规律探索的人员，其核心价值是发现和发展新科学技术的学术成果。

技术应用人才，从事技术实践应用的人才，主要是应用科技研究成果，产出和维护新方法、新工艺、新技术、新产品和新系统的人员。

科技成果转化人才，从事科学技术知识成果转化的人才，主要是在实践中将科技产出直接转化为经济产品的人员,其核心价值在于科技成果转化的经济价值和社会价值。

3. 精准选取评价内容

科技人才评价应以创新能力、质量、贡献、绩效为导向,而非单纯以"帽子"、论文、资历论英雄,因此有必要在绩效表现、价值产出等传统评估内容的基础上,增加对科技人才个体特征、关键经历、创造潜力的考评。评价内容多元化,由传统的一维评价变为多维评价结构,既关注人才的业绩贡献与影响,也关注人才的创造能力、创造潜力。

"中智人才评鉴与发展中心"(下称"中智评鉴")主张在素质、业绩影响与质量贡献等评价内容之外,还要将科技人才的经验纳入评价中,通过对科技人才参与重大项目等关键性经历的评价,评估科技人才成长轨迹,因此提出四项评价内容(见表5-1)。

表 5-1 科技人才评价内容及含义

评价内容	基本内涵	典型指标(示例)
专业经验	科技人才专业知识、技能、经历经验,反映知识结构、技能水平和成长轨迹	·学历学位 ·专业知识 ·学术经验 ·参与项目历练情况
专业能力	科技人才完成科技活动所具备的个性特征,反映人才创新潜力	·学习能力 ·创新能力 ·技术管理能力 ·职业性格与动机
专业贡献	科技人才绩效表现、科学价值、经济价值和社会价值综合表现,体现人才价值创造和对组织、社会的有效贡献产出	·论文/专著/标准/专利/发明 ·科技项目/科技奖励 ·成果转化经济价值
专业影响	科技人才专业领域影响力,对专业认同度测量,体现人才的实际认可度和需求度	·行业/产业/学术 ·行业/社会认可度 ·重大技术突破创新价值

4. 科学构建评价标准

基于科技人才不同成长阶段的关键活动和评价重点（见图5-2），有必要采取分层评价模式，对不同层次人才予以针对性的评价，构建分层分类的评价标准体系。在实践应用中，针对不同层级、不同类别的科技人才，对其评价内容予以不同的考查与评价，如成果转化人才更加突出对专业贡献的评价、青年科技人才更加突出对专业能力的深度考查。

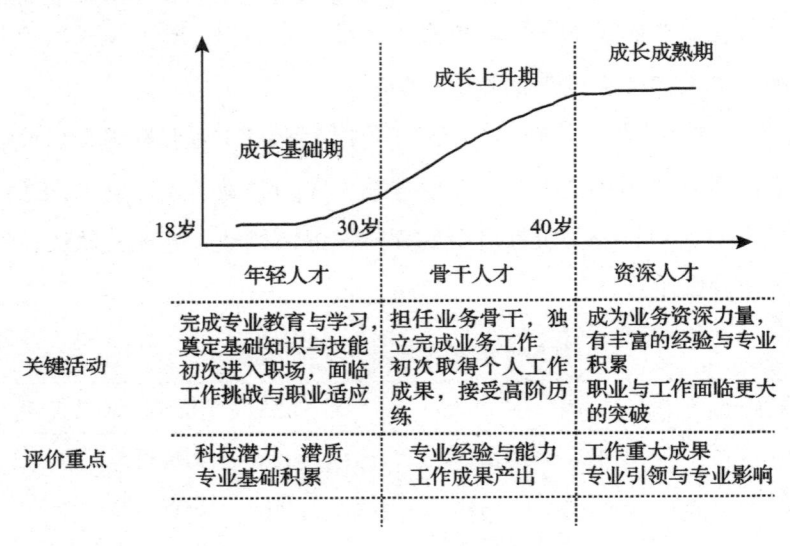

	年轻人才	骨干人才	资深人才
关键活动	完成专业教育与学习，奠定基础知识与技能初次进入职场，面临工作挑战与职业适应	担任业务骨干，独立完成业务工作初次取得个人工作成果，接受高阶历练	成为业务资深力量，有丰富的经验与专业积累职业与工作面临更大的突破
评价重点	科技潜力、潜质专业基础积累	专业经验与能力工作成果产出	工作重大成果专业引领与专业影响

图5-2 科技人才成长阶段模型图

我们需要明确每个指标的评价依据，以便对评价对象进行准确、客观的评估。为了激发科技人才的创新精神，可以在评价标准中引入"关键项目"评价的方法。选择3~5人的重点成果或作品，突出其重大创新、主要职责和主要业务定位。在科技人才胜任力定位方面，中智评鉴主张引入任务评价标准，在角色定位、贡献、项目持续时间、项目规模、项目影响等方面，针对参与的重点科技项目，形成科技人才"任务图"，从而准确评价科技人才核心能力、经验和积累。

5. 创新丰富评价方式

《关于推进人才评价机制改革和分类的指导意见》指出，丰富评价手段，科学灵活采用考试、评审、考评结合、考核认定、个人述职、面试答辩、实际操作、业绩展示等不同方式，提高评价的针对性和准确性。除了上述评价方法外，中智评鉴还主张企业可以结合科技人才的特点，大胆引入社会学、心理学、管理学的最新理论和研究成果，从而丰富人才评价方式，探索科研人才队伍的社会网络分析技术应用。通过深入挖掘科研团队之间的社交关系网络，我们不仅可以研究创新知识和成果的传播途径，还能进一步了解知识整合的过程。这为评估不同科研团队的创新表现提供了重要的理论依据和实践指导。

6. 多方选取评价主体

人才评价主体的多元化，有利于多维度评价科技人才，提高人才评价的准确性，丰富和完善评价方法和手段，构建全周期的人才评价模型。在科技人才评价中，用人主体在评价规则的制定方面确实起到了至关重要的作用，但与此同时，存在着对科技工作主体认识不足、评价标准墨守成规等问题。因此，评价制度时，我们应该重点关注制度主体的责任和义务。改变评价的功能定位、目的和目标，建立公正合理的评价标准，委托其他评价主体开展详细的评价工作。专家和同行不仅负责执行评价规定，而且还亲身参与评价工作，他们的评价对于确保评价的准确性和公正性具有至关重要的作用。在应用中，需要初步评价规则，明确测量方法，提供明确的评价指南，避免人为误差过大。第三方评价机构在人才评价方面具有丰富的专业经验，但对科技人才的专业工作缺乏深刻认识，为此在科技人才的成长规律、指标测量的准确性、能力潜力的测量等方面，可以充分发挥自身的专业优势，填补考核主体的短板。只有通过多评价主体的整合，规则制定者、规则设计者和规则使用者的结合，才能构建科学、准确、有效的科技人才评价新体系。

（三）创新型科技人才评价的基本保障

1. 优化人才引进门槛

（1）放宽硬性指标范围，灵活调整具体要求

经过改革，现代服务业和文化创意领域的专业人才，全日制本科学历的要求已经放宽。人才素质不能单靠学历来证明，对符合条件的人员或具有行业认可的专业技术能力的人员或取得相关成就的人员，应当放宽学历、职称等强制性指标限制。

（2）注重人才自身素质，提高人才队伍质量

政府应该采取一系列措施吸引和培养优秀人才，确保他们具备高素质和可持续发展的能力。为了满足企业管理和市场开发运营的要求，人才需要具备实际的经验和技能。对团队来说，拥有丰富的科技成果、良好的产业化潜力和市场发展前景同样至关重要；合理配置科学人才队伍，审核主要成员的简历档案，消除组织结构混乱、主要成员有严重失信记录等不利因素；重视人才的归属感，关注他们是否愿意在该地区长期居住，了解他们的职业期望和个人目标，加强对他们的长期培养，并协助他们更好地融入当地文化。

（3）以"高精尖缺"为导向，推动多元化人才建设

要全面贯彻落实创新人才政策和招聘"高层次、精英化、缺位化"人才的要求，重点抓好顶尖专家、领军人才和瞪羚企业的招聘培养。为了推动区域产业的发展，重点关注那些具有国家级和省级研究中心、院士工作站等高水平研发培训平台。这些机构和项目是吸引和集聚区域主导产业顶尖人才的关键。在此基础上，应以此为契机，全面推动各类创新型人才的队伍建设。

2. 维持人才集群良态

近年来，我国主导产业加快优化升级，区域资源活力增强。为了构建更有前瞻性的产业体系，我们可以聚焦先进制造业、现代服务业、人工智能和生命健康这四大未来产业，形成"2+2+2"的产业布局。这种布局旨在确保我们既能把握当下的发展机遇，又能为未来的持续进步奠定坚实基础。需要制定科学合理的城市发展战略，注重科技主导产业的集聚和发展，推动产业升级和转型，加强科技创新和人才培养，以实现城市的可持续发展和区域经济的繁荣。"2+2+2"的主导产业均为高端科技创新领域，充分体现了政府对科技人才的重视和对创新发展的坚定承诺。

3. 丰富政策奖励内容

吸引和培养创新型科技人才，需要创造一个良好的政策环境，提供更多的机会和激励，在吸引科技人才方面增加优势。这需要制定科学、合理、丰富、灵活的政策，满足科技人才的不同需求，并为他们提供更好的发展机会和条件。

(1) 灵活使用资金激励政策

对入选市、省创新人才计划或对区域发展做出重大贡献的人才，在一定程度上按比例提高奖励金额，或增设特别贡献奖、杰出人才奖等；获得国家专利认定和高水平竞赛奖的人才由市政府专项资助引领其参与科技项目研发；制定企业年度考核指标，并对通过年度绩效考核、排名靠前的中小企业提供一定的资金支持。

(2) 协调和改进人才支持服务

政府有关部门要打破部门壁垒，调整上下级错位，切实改善医疗、保险、税务、配偶安置、子女入学等与人才相关的基本公共服务，增加人才与地区的黏性，真正实现"民心相通"。

(3) 注重人才的心理建设和引导

技术研发以及创新创业都是高强度的任务，往往导致各种棘手的问题和困难。基层人才的管理至关重要，企业和组织应当集中精力优化人才的沟通体系，给予他们适时的指导；深入解决人才生活中的困扰，增强他们对组织的归属感，进一步激励他们更有效地发挥自身才能。

(4) 强调人才培养和长远发展

一方面，通过行政区或城市举办的一系列高层次人才交流活动，搭建人才互动、资源共享的平台，促进落后地区吸引和培养更多优秀人才，推动当地经济和社会的发展，鼓励本地区优秀人才积极参与，通过线上经验分享会与其他人才交流；另一方面，积极寻求与海外或发达地区的专业机构合作，组织定期的研学培训课程，为人才提供更广阔的学习和发展机会，进一步提升他们的专业素养和技能水平。同时，与行业领袖和专家分享交流经验，更深入地了解行业趋势和未来挑战，更好地规划个人和团队的发展方向。

四、创新型科技人才评价应用保障

(一) 我国创新型科技人才评价应用保障机制的发展

在过去的几十年中，我国的科技事业发展取得了巨大成就，其中离不开科技人才的支撑和贡献。与科技相关的产业发展不仅需要科技人才数量支撑，也需要建立一套完善的人才评价与保障机制确保科技人才的发展质量。

我国已经实施了公正、有效的政策和措施，对科技人才进行评价和激励。其中，最具代表性的有建立评价方法论和评价体系、推行"独立工作室"、实施高层次人才引进计划、设立科技创新军民融合产业基金、建立创新创业人才基金等。除了评价机制，保障机制也是非常重要的一部分，如设立国家人才发展基金、落实优先购房政策、推行职称制度改革、强化权益保护等。值得一提的是，在新时代背景下，我国人才评价应用保障机制在政策层面上有了更为明确的解决方案，如2018年，中国启动了人才强国战略，将人才发展列为国家重大战略及经济社会发展的关键因素。此外，我国还推出人才新政、《国家中长期人才发展规划纲要》等，这些为改革完善我国科技人才评价应用保障机制提供了更加明确的方向和重要推动力。总之，我国创新型科技人才评价应用保障机制正在逐步完善，这将有力支撑科技强国目标的实现。

（二）我国创新型科技人才评价应用保障机制的分类

建立健全科技创新人才保障体系，需要各个层面的共同努力。政府需要在政策制定、关系协调和氛围营造方面发挥关键作用，为科技创新提供有力的政策支持。科技企业应该积极引进、培养和激励人才，为科技人才提供良好的发展环境。高校和科研机构作为人才培养的重要基地，需要加强与科技企业的合作，共同开展科研创新项目，为科技人才提供更多的实践机会和发展空间。

为了更好地吸引、培养和留住科技创新人才，各主体需要建立一套多机构、多部门、多单位合作的科技人才保障体系。这一体系不仅包括科技人才政策保障机制，还包括组织内部保障机制。这些机制的完善和实施，可以为国家的科技创新发展提供强大的支撑。

1. 宏观政策保障机制

政府需要在制度和政策方面发挥引导作用，推进科技人才的培养进度，提高人才创新能力和创新发展质量，推动产业科技创新和经济发展。为了吸引和留住高层次创新型人才，政府需要引导和扶持企业、高校、研究机构等，建设良好的创新环境和科学人才培养体系，提供优越的外部条件和社会氛围。政府也要重新审视自己的科技观念和职能定位，在促进科技创新和经济发展的同时，推动科技管理体制改革，制定创新政策和完善法律保障。

（1）法律保障

建立健全法律制度是推进人才创新活动和推动经济发展的重要保障。当前，我们需要进一步加强与人才相关的立法工作，建立完整的人才保障体系和人才激励机制，确保人才政策的科学性、合理性、公正性和可操作性，更好地发挥人才在经济社会发展中的重要作用。在人才培养方面，政府需要制定有关人才培养的法律法规和实施细则，促进人才培养的全面、协调、可持续发展。在人才引进方面，需要加强人才市场管理、户籍管理、社会保障等方面的立法和实施细则，以提高人才的生存环境和发展空间。保障人才的合法权益、提供良好的待遇以及建立合理的人才流动机制是推动人才市场健康发展的核心要素。针对知识产权保护方面，需要及时修订和完善有关知识产权的法律法规，以提高知识产权保护的力度，促进技术创新和转化。同时，为了更好地保障人才创新活动，我们还需要加强知识产权的执法和监管，加大惩治侵犯知识产权行为的力度。

当然，法律制度在人才创新活动中的作用不仅局限于以上几个方面。在社会保障、人才流动、人才评价和人才荣誉等方面，法律体系还需要进一步完善，为人才提供更科学、更规范、更公正的竞争环境，推动人才价值的最大化。这些都需要政府和立法机关精心策划、积极创新、合理规划，以充分发挥法律在人才创新活动中的重要作用。

（2）政策保障

数字化、智能化、跨界融合等趋势的不断推进，新经济、新产业和新业态不断涌现，需要更多的创新型、复合型人才支撑和推动经济发展。政府需要采取一系列措施吸引和留住优秀人才。优化和实施人才政策，提升人才待遇和福利，加强人才市场管理，打破人才流动障碍，推动人事代理业务，改革户籍和人事档案管理制度，放宽户籍准入要求，推广工作居住证制度，以及探索建立社会化的人才档案公共管理服务系统，都是实现人才高效利用和合理配置的关键措施。在引导人才流动方面，政府需要加强宏观调控，采取措施，鼓励人才向西部地区、基层和边远地区转移，让优秀人才更好地服务于国家和社会建设。

2. 外部协同保障体制

科技人才的外部协同保障体制，需要政府、企业、高校和科研机构等共同参与和努力。政府应该发挥关键作用，搭建人才引进与培养平台，有效整合各方资源，包括教育、信息和资金等，优化配置，更有效地促进科技人才的引进和培育。

（1）教育保障

为了进一步推动企业、高校和科研机构之间的深度合作，政府需要采取一系列有效措施。这些措施包括但不限于建立企业技术转移中心、大学科技园以及校企联合委员会等合作平台。这些机构将为各方提供一个协同创新的场所，促进知识、技术和资源的共享与交流，从而培养出更多具备创新能力的科技人才。政府在教育领域的投资占据核心地位，并不断加大投入力度，以确保教育质量和人才评价的高标准。与此同时，政府在教育质量和人才评价方面发挥着重要的引导作用，为提高教育水平和人才培养质量提供有力保障。为了进一步提升教育品质和人才评价的准确性，需要构建一个由政府引领的教育质量评估与监控体系。这一体系应吸纳教育监管机构、学校、家长及社会各方的参与，形成多元化的评价主体。此外，还应建立科技人才评价体系，确保及时发现问题、提炼经验，为实践提供指导，促进重视教育质量与人才评价的文化环境的营造，并不断完善相关的评估体系和机制。

（2）信息与资金保障

在科技人才培养的外部协同保障体系中，科技服务中介机构、金融机构、行业协会及相关社团组织都发挥着不可或缺的作用。科技服务中介机构在科研领域中起到了重要的桥梁作用，为科研机构提供了多元化的支持和资源整合的机会，促进了科技人才之间的交流和流动，推动了创新技术的转化和产业化进程。美国政府每年通过小规模采购计划（SAP）向小型企业采购技术产品和服务，采购金额占总采购金额的 23% 左右，庞大的采购需求为小型企业技术创新提供了稳定的市场。德国政府在新技术的应用政策上向中小企业倾斜，一旦识别出有市场价值的技术成果，政府作为中介人首先向中小企业转让。法国政府通过"科技创业加速器计划"鼓励科技服务中介机构为创业者提供加速器和孵化器服务，出资支持初创企业的早期和关键发展阶段。法国政府允许科技创新企业根据公司研发支出获得最高 45% 的税收减免，从而减轻初创企业的发展压力。我国的科技服务中介机构数量较少，且多处于起步发展阶段，其提供的中介功能较弱，难以承担保障科技成果有效转化所需的服务诉求。因此，我国各级人才、企业服务机构需在现有政策基础上完善科技服务中介体系，扩大服务范围，提升服务质量。

3. 组织内部保障机制

企业、高等院校和科研机构是聚集科技人才、产业创新成果输出的主要场所，积极引进国外优秀的科技创新人才，强化专业人才服务工作站和科技创新人才中介机构的构建，同时制订个性化的海外科技创新人才引进计划。

（1）人才引进保障

科研单位应充分利用人才扶持政策和引才平台，可从保障其福利待遇、提供良好的工作环境和加强与留学生的沟通协作入手。鼓励吸引国外优秀科创人才，建立专业人才服务工作站并完善科技创新人才中介机构建设。根据地区与企业发展需要，设计不同的海外科技创新人才引进方案。另外，科研单位应该采用多种招聘和使用方式，制定科学的招聘标准和规范流程，注重创新能力考核机制构建，以此吸纳不同层次的创新型科技人才，严格把控人才质量。

（2）人才发展保障

为了不断提升科技人才的创新能力，科研单位需要不断完善人才发展保障机制。其中，科研单位需要为科技人才提供高质量工作场所、设备和资源，提供舒适的办公空间和工作氛围，以满足科技人才对于科研和创新工作的要求。同时，科研单位还应该组织各种人才表彰活动，营造浓厚的人才建设氛围。关注科技前沿，支持科技人才参与学术交流活动，鼓励他们参加研修，以增强他们的创新能力。此外，提供优质的科技培训和职业发展机会：为科技人才提供专业化、个性化的培训机会，助力科技人才不断提升知识和技能水平；制订科技人才职业发展规划，为其提供晋升和晋级机会，激励其在创新领域中发挥更大的作用。

（3）人才激励保障

为了提高吸引和留住人才的能力，科研单位需要不断加大人才激励力度。一方面，通过调整工资水平、提高社会保障、提供住房、发放年终奖、给予职务晋升等方式，激励创新型科技人才发展创新能力。制定和实施《引进高层次人才奖补资金管理办法》的目标，是通过资金奖补，引进更多高层次人才，为优秀引才平台提供必要的支持和奖励。建立公正、透明的评审机制，为创新型科技人才提供不同层次的学术和职称评定机会，激励他们在科学研究和工作领域中取得更高的成就。另一方面，政府可设立人才资助项目，通过资助创新型科技项目、支持创新团队和人才等方式，提升创新型科技人才的工作能力和创新能力。同时加强知识产权保护和科技成果转化的工作，保护创新型科技人才的知识产权和科技成果，鼓励他们在创新和创造方面发挥更大的作用。

中国农业科学院"杰出人才工程"以及各地区类似人才计划为杰出人才提供了更趋丰富的保障机制，如提供可观的科研启动经费、稳定高薪、住房等，以此保证人才的良好生活和工作环境。青年英才计划是一个以人才能力和贡献为基础的分层培养计划。该计划通过提供不同等级的科研启动经费和岗位补贴，为优秀青年人才提供更好的职业发展机会。江苏农业科学院致力于保障各类创新人才的研究工作无障碍进行，为他们提供研究启动资金、生活费用及住房等必要支持。山东农业科学院为科研人员提供50万元至150万元的启动经费，最高可达50万元的安家费用，每月给予生活补贴。江苏农业科学院注重人才的全方位支持，山东农业科学院更加重视科研人员在启动经费、生活补贴和职称评审等方面的实际需求。

综上，各类科研机构应该高度重视对优秀青年人才的培养和发展，不仅关注他们的生活需求，也关心他们的科研环境，确保他们安心进行科研工作。

（三）保障机制优化建议

1. 完善创新型科技人才引进机制

创新型科技人才引进机制的完善，可以从以下几个方面考虑。

第一，改进和优化人才引进策略。实施"千人计划"，提供大量的资金支持，以吸引海外高层次人才、青年拔尖人才和创新团队。同时，为了促进人才交流和合作的意愿，建立国内外人才互换制度，不仅可以促进国内外人才交流和合作，而且还可以提升我国科技人才的国际竞争优势。

第二，实施柔性引才措施。柔性引力措施主要是在引进人才的过程中，不再简单地采用高薪金和补贴等硬性措施，而是加强人才与单位之间的沟通和交流，给予人才更多的自主发挥和创新空间。政府和企事业单位正在采取积极措施，通过聘请顾问、首席专家和其他优秀人才来加强组织的人才队伍建设。为了精准引进人才，可以推行职位与人才匹配策略，构建多元化、全方位的人才引进模式，并实施灵活的雇用政策。此外，要鼓励社会力量参与人才引进工作，提供政策支持，包括职位安置、社会保障、户籍落户、子女教育等方面的政策支持，以更好地吸引人才。

第三，注重高端引领原则。采取更积极、更开放、更有效的人才引进政策，突出高精尖缺和产业导向。在人才引进工作中，重点关注高科技、青年及创新团队等领域的人才，引导科技人才从事前沿科技研究。为实现高层次人才更好地引进服务，开通绿色通道，提供零门槛引进，简化入职手续，以实现随到随聘、随聘随用的目标。在项目经费、创新团队支持和创新创业等方面提供更大力度的资金支持，激发高端科技人才的科研热情和创新精神。

第四，加强引才平台建设。针对优势产业、优势企业和优势学科，建设高校科研、企业联合创新、科技创业孵化等平台，为各类科技人才提供多样的创新、研发平台。政府要支持有条件的企业建立研发机构，进一步提升科技合作的层次和水平，吸引和留住优秀人才。在具体实践中，可以建设技术转移中心，鼓励人才将科技成果转化为商业产品输出，带动技术和创新成果产业化，在特定领域聚集高端人才，充分利用科技创新优势，实现成果的转化和应用，推动经济社会的可持续发展。

2. 完善创新型科技人才培养机制

第一，创新人才教育培养模式，采取多种方式培养多元化科技人才。一方面，可以推选专业技术人才到基层挂职，引领人才深入基层了解基层技术诉求，对接基层干部提升基层领导科技创新意识与技术素养。另一方面，还可加强党政干部与科技人才的挂职和交流，让他们有机会学习其他领域的知识和技能，进而提高一线干部的综合素质和工作能力。

第二，进一步加强对创新科技人才的培养和扶持，特别是关键领域和企业急需的人才。推动产学研对接合作，共同开发新产品，合作申报新项目，积极促进科技成果产业化，培育和集聚更多的创新型领军人才，推动科技与经济的深度融合，实现科技、经济和社会的协同发展。坚持创新发展理念，注重科技成果的转化和应用，推动企业和高等院校的紧密合作，促进科技创新和市场应用转化。

第三，科技型管理人才队伍建设可以通过多种途径来强化管理效益。一方面，充分利用高校和科研院所的资源，针对不同需求培养不同层次的科技管理人才，构建多元化科技管理人才队伍。同时，还应通过宣传和培训手段增强各级、各部门及社会各界的科技意识，进一步推动科技管理人才的培养和发展。另一方面，加强高科技企业和科技型企业的员工培训，通过建立专业化的培训机制、制订培训计划、组织定期培训活动等方式，提高科技型管理人才的职业素养和专业技能。如此企业才能更好地掌握科技政策和业务技巧，提升市场中的竞争优势。

第四，通过提升经营管理人才的水平来提升企业的整体实力和市场地位。引进杰出企业经营管理人才是提升企业经营管理水平，增强市场适应性和推动企业持续发展的关键。鼓励优秀企业经营管理人才挂职国内外知名企业、高校、研究机构开展交流学习。建立完善的学术型研究生教育体系，提升研究生教育质量，同时建立企业内部人才培养机制，促进企业人才的成长和发展。通过培养优秀研究生和企业技术人才，提高其专业技能和管理能力，培养更具创新意识和实践能力的企业经营管理人才。借助高等院校的支持，培训高级经营管理者，强烈推荐企业家参加北大 EMBA 培训班，培养出素质优秀、具备强烈市场意识、熟知国内和国际经济运行规则、懂得管理和经营的企业家队伍。

3. 健全创新型科技人才保障机制

第一，建立完善的机制来保障创新型科技人才的发展，采取一系列措施激励和支持他们的创新活动。综合运用物质、晋升、精神等激励手段给予科技人才物质、职位及精神奖励，大力支持各类人才从事创新创业活动。

第二，着力打造良好人才发展环境，聚焦高层次人才，为其提供资金资助和技术研发支持。具体而言，优化财政支出结构，政府加大对科研经费的投入，确保高水平科研项目的顺利进行，培养科研人员的创新能力。为了构建综合性的策略，政府应该发挥引导作用，通过适当的投入促进人才开发的进程。优化激励机制，激发社会各界对人才开发的投入热情。通过实施这些措施，进一步提升人才的发展水平，确保人才与经济社会之间的互动更加和谐。

第三，强化人才工作的基础建设。深入了解人才发展规律，努力发掘和培养人才，为未来的发展做好准备。加强人才工作机构和队伍建设，政府建设一批国家级、省级、行业级等科技创新平台，提供科研设备、技术支持和人才交流平台等资源，为科研人员提供更好的条件。同时，还需要大力提高基础研究水平，加强培养创新型科技人才，提高科学研究课题的挑战性和实际应用性，鼓励人才在研究中获得更多的学术成果和创新成果。只有这样，才能为人才开发提供更加完整和有力的组织保障，确保人才发展工作的顺利实施和高效推进。

第四，创造有利于人才成长的环境。平衡发展各类设施以满足不同需求，创造宜居、宜学的环境。政府应为各类科研人员提供公平的竞争环境，保障各类科技人才在职称评定、薪酬待遇、升迁机会等方面享有平等的权利。此外，应该进一步解放思想，用战略的眼光看待人才工作，不断提高对于人才工作的重视，鼓励各类人才大胆创新、勇攀高峰、实现自身的价值和追求。只有这样，才能为各类人才创造发展机会、提供充分的发展空间，实现人才与经济社会的共同繁荣。

随着全球经济环境的变化和竞争加剧，高科技产业成为各国争夺全球科技领导权的重要手段。作为一个拥有14亿人口的发展中国家，我国在全球科技竞争中面临着艰巨的挑战和巨大的机遇。因此，我国应该加强科技创新与产业升级的有机融合，推动科技成果的转化，构建集"科学、产业、市场"为一体的创新体系。建立一条从科学研究到科技产业化的完整产业链，打通科技成果转化的"瓶颈"，引领产业高质量发展。为此，我们应该加强高层次科技人才的引进和培养，建立创新人才评价机制，促进科技人才的职业发展，提升科技人才的社会地位，为科技工作者提供更好的发展空间和创新环境。还应该进一步完善行业政策和科技体制机制，加强知识产权保护和技术监管，激励各类主体积极投身科技创新和产业升级中，构建一个囊括政策、产业、科技和资本等多种要素的全方位创新生态体系。

总之，加强科技创新与产业升级的有机融合不仅是推动我国经济高质量发展的必然选择，也是实现全球科技领先的必要条件。我国应该坚定不移地加强科技创新和高端制造业的协同发展，打造全球科技创新和产业发展的重要引领力量，推动我国的创新型国家建设迈上新的台阶。

第六节
创新型科技人才评价指标要素

一、指标开发原则

创新型科技人才评价指标体系具有目的性、科学性、动态性等特性，是一个非常复杂的综合性系统，这种体系具有多变量、多因素构成的内在关系。创新型科技人才评价体系并不是对一些指标进行简单的堆砌，而是根据指标建立起来能够体现科技人才竞争力优势的指标合集。

科技人才评价指标体系是一种衡量人才素质的方式，科技人才评价指标构建原则有利于筛选更多高素质人才。科技人才指标体系的评价结果需要能够客观、全面、准确地反映创新型科技人才的真实情况及水平，由此可知创新型科技人才评价指标体系的构建应该遵守以下原则。

（一）目的性原则

整个评价活动的核心内容就是评价目的。在指标建设的活动中，应该充分考虑指标能否反映、实现评价目的，以此检验指标体系的合理性。

（二）科学性原则

创新型科技人才的评价指标是一个整体，也是一个多维度体系，所以应该考虑评价主体的反馈，对评价主体的各个方面进行全面考虑，保持各个指标之间的逻辑性，避免出现评价片面化问题。设立指标分级制度，比较紧密的指标划分为一类，这样可以建立清晰的指标类型，形成指标层，通过划分层级，使主体评价更加清晰。

（三）系统性原则

不同类别的科技人才评价指标彼此之间既有区别又有统一性，这样可以在评价的框架中反映科技人才的共性和不同科技人才的个性。每一类的科技人才既是独立的又有联系，只有掌握科技人才的最具有代表性的指标，围绕科技人才的核心特质，才能用较少的指标和层次对评价指标的系统性进行保护。

（四）实用性原则

注重实用性原则，对创新型科技人才评价指标进行简化，使计算和评价的方法更简单，还要确保评价结果具有客观性和全面性，对人才评价的各项指标、对应的计算方法及数据都要进行标准化、规范化，保证评价数据准确可靠。

（五）动态性原则

不管什么样的评价，创建者都希望所创建的模式能够长期使用，即具有稳定性。在这个发展迅速的时代，固定的指标是不可能长期使用的，也就是说，选取指标应该具有动态性。指标在不同的时间节点下应体现不同情况，同时也能够保证评价体系在较长时期内具有实用意义。所以，评价体系不仅应在静态上对评价主体有所反应，还应该具备动态发展潜力。

（六）导向性原则

人才评价指标构建重点在于甄别优秀人才，通过对评价指标的设置引导人才创新，发挥其作用。所以，构建科技人才评价体系时，不仅要关注不同科技人才的素质特征，也要对科技人才的贡献及潜力进行充分考虑。

（七）针对性原则

创新型科技人才评价主要针对不同类型人才进行设计，根据不同科技人才特点选取具有针对性的指标，这样可以从侧面反映不同类型创新型科技人才特质。此外，针对不同类型区分指标，坚持共性和个性相结合，更加全面优化创新型科技人才评价指标。

二、科技人才创新能力评价指标构成

（一）科技人才创新能力评价指标采集

收集创新型科技人才评价指标的过程中，主要采用文献研究及专家访谈法。为更好地完成人才评价指标收集工作，对科技人才评价相关文献进行查阅汇总，对重要的高频指标进行收集，表6-1为科技人才创新能力评级指标部分参考文献。

表6-1 科技人才创新能力评级指标参考文献部分列表

序号	作者	文献名称	出版物及发表时间	指标
1	曹晓丽	基于胜任力模型的创新型科技人才评价指标体系研究	产业创新研究（2020）	创新知识、创新技能、创新意识、创新成果
2	牛桂芹 陈小平	青年科技人才分类评价指标体系构建	未来与发展（2020）	品德、专业素质、能力、成果业绩、贡献及社会影响力、发展潜力
3	张立 余赵	基于创新链的科技人才评价体系研究	科学管理研究（2020）	学术道德、专业知识、管理能力、学习能力、科研能力、科研成果
4	张欣等	创新链视角下科技人才分类评价指标体系构建研究	科学与管理（2020）	创新知识、创新技能、创新动力、管理能力
5	盛楠等	创新驱动战略下科技人才评价体系建设研究	科研管理（2016）	基本素质、创新能力、创新成果
6	王纯子 张斌	科技人才创新能力评价与价值提升模型研究	电子测试（2015）	道德素质、学术水平、绩效水平

续表

序号	作者	文献名称	出版物及发表时间	指标
7	陈春武 焦永军	人才素质测评：以能力和业绩为导向	中国电力企业管理（2005）	品德、知识纬度、能力纬度、业绩
8	胡瑞卿	科技人才创新能力的模糊综合评价	科技管理研究（2007）	创新性思维能力、提出问题的能力、分析问题的能力、解决问题的能力、其他创新性能力
9	朱选功 刘冰月	基于AHP和模糊综合评判法的河南省科技人才评价	创新科技（2017）	道德水平、个人能力、学术水平、绩效水平
10	张晓娟	产业导向的科技人才评价指标体系研究	科技进步与对策（2013）	道德素质、智能素质、学术水平、绩效水平
11	赵伟等	创新型科技人才评价理论模型的构建	科技管理研究（2012）	创新知识、创新技能、影响力、创新能力、创新动力、管理能力
12	萧鸣政	人才评价机制问题探析	北京大学学报（哲学社会科学版）（2009）	业绩贡献、品德、能力潜力学历、工作阅历、经验
13	任怡莲 冯锐	基于胜任特征模型构建农业科技人才评价体系	农业科技管理（2012）	科研道德、成就导向、专业知识及创新能力、团队管理能力、社会活动能力
14	雷忠	高校人才评价的若干思考	华中农业大学学报（社会科学版）（2009）	知识、能力、业绩品德
15	刘亚静等	高层次科技人才多元评价指标体系构建研究	科技管理研究（2017）	基本素养、能力素养、社会认可
16	王蕊	物流企业创新型科技人才评价指标体系构建	物流技术（2012）	知识结构、创新人格、创新能力、创新业绩
17	兰兰	东湖高新区高层次人才评价研究	华中科技大学博士学位论文（2014）	业绩、能力、贡献、潜能

第六节　创新型科技人才评价指标要素

续表

序号	作者	文献名称	出版物及发表时间	指标
18	时玉宝	创新型科技人才的评价、培养与组织研究	北京交通大学博士学位论文（2014）	智力水平、知识结构、创新意识、创新动机、创新精神、创新能力
19	郑展等	工程科技人才评价指标体系构建与分析	科技管理研究（2017）	知识素质、技能水平、综合素养、科技成果、人才培养、对专业领域及经济社会发展贡献、科学技术发展贡献
20	王仕龙	农业科研机构青年人才成长因素及创新潜力研究	中国农业科学院博士学位论文（2017）	知识水平、科研能力、科研产出、道德素质、科研保障

通过表6-1对文献各个指标的描述整理，最终得出六个方面的评价维度，分别是品德、知识、能力、潜力、贡献、业绩。在人才体系标准的基础上，访谈多位专家，听取专家意见并结合实际情况对指标进行取舍。在确认评价指标维度时，对"品德"这一项指标是否纳入科技人才评价体系，不同专家给出了不同意见。一些专家认为品德作为科技人才素质当中最重要的要素，尤其是学术道德以及科学精神最应该纳入体系评价指标；一部分专家认为品德虽然是科技人才评价体系中不可缺少的一部分，但是在实际评价中，品德评价一般会因为缺乏评价数据的支持沦为形式评价，科技人才评价的前提是考察品德，对科技人才而言品德是极其重要的一点。所以，最终确认科技人才评价的五个指标分别是知识、能力、业绩、潜力、贡献。

（二）科技人才创新能力评价指标分类筛选

通过对科技人才发放调查问卷的方式筛选分类评价指标，调查问卷分为两个部分。第一部分主要采集不同类型科技人才关于知识、能力、业绩、贡献及潜力这五个评价指标的信息。每个指标下设二级标题，结尾设计开放性问题，避免指标采集不完整的问题。第二部分是采集科技人才工作、年龄以及学历情况等。采用线下问卷调查方式，共发放问卷300份，回收有效问卷286份，通过对答卷的整理，去除无效问卷后剩余271份，问卷有效率为90.3%。

问卷信息调查统计见表6-2。

表6-2 问卷信息调查统计

人才信息	具体内容	人数	占比（%）	人才信息	具体内容	人数	占比（%）
年龄	35岁以下	18	6.6	学历	博士	131	48.3
	36~45岁	175	64.6		硕士	99	36.5
	46~60岁	78	28.8		本科	41	15.2
工作年限	6~10年	56	20.7	职称	高级	248	91.5
	11~20年	120	44.3		中级	23	8.5
	20年以上	95	35.0		初级	0	0
工作单位	高校	82	30.3	工作性质	基础研究	87	32.1
	科研院校	68	25.1		应用研究	105	38.7
	企业	80	29.5		技术开发	79	29.2
	其他	41	15.1				

根据样本的情况来看，人才队伍呈现高学历及高职称特点，且高校、科研院校及企业均有覆盖，所以该样本具有良好的代表性。对回收的调查问卷进行处理及分析，将科技人才指标按照由5到1赋值，建立数据库。运用统计软件计算各个指标的平均值。平均值即科技人才对不同指标重要程度的判断。经过统计与分析，知识、能力、业绩、贡献、潜力五个指标得分都比较高，但对于二级指标，不同类型人才有不同的意见（见表6-3）。

表6-3 二级指标

二级指标	重要程度平均分		
	基础研究	应用研究	技术开发
基础知识	4.64	4.54	4.36
专业知识	4.82	4.80	4.78

续表

二级指标	重要程度平均分		
	基础研究	应用研究	技术开发
前沿知识	4.90	4.74	4.68
学习能力	4.84	4.78	4.84
前沿把握能力	4.72	4.68	4.51
发现问题能力	4.84	4.81	4.73
解决问题能力	4.75	4.87	4.92
技术创新集成能力	4.07	4.63	4.65
团队协作能力	4.74	4.67	4.65
科研项目	4.61	4.61	4.32
论文专著	4.52	4.16	3.63
研究报告	4.24	4.14	4.03
知识产权	4.10	4.36	4.47
标准制度	3.96	4.05	4.35
科技奖励	4.13	4.12	4.04
学术任职	3.91	3.73	3.82
学术交流	4.24	4.23	4.05
成果转化应用情况	4.13	4.62	4.70
专业领域支撑		4.76	4.73
人才培养	4.65	4.63	4.45
经济贡献	4.14	4.28	4.44
创新动力	4.87	4.81	4.42
发展规划	4.41	4.59	4.41
支撑条件	4.52	4.54	4.56

为了让不同指标更具针对性，并且更好地突出重点，对不同类型的科技人才采取剔除基准分以下的二级指标，被剔除的二级指标并非没有意义，而是为了遵循构建指标的原则，所以选取不同的指标纳入不同类型的科技人才

体系。此外，基础研究类科技人才二级指标的均值是4.48，标准差是0.32，基准值为4.16；应用研究类科技人才二级指标的均值是4.51，标准差是0.28，基准值为4.22；技术开发研究类科技人才均值是4.43，标准差是0.32，基准值为4.12。因此，为了进一步突出二级指标的重要程度，剔除基准值以下的二级指标，从而形成各类型科技人才评价体系的初步框架。其中，基础研究类科技人才框架剔除技术创新集成能力、知识产权、标准制度、科技奖励、成果转化应用情况、学术任职、经济贡献等二级指标（见表6-4）；应用研究类科技人才框架剔除论文专著、研究报告、标准制度、科技奖励、学术任职等二级指标（见表6-5）；技术开发类科技人才框架剔除论文专著、研究报告、科技奖励、学术任职、学术交流等二级指标（见表6-6）。

表6-4 指标体系初步形成的框架（基础研究类）

一级指标	二级指标	指标的含义
知识	基础知识	基础知识水平，包含受教育的程度、知识广泛程度等
	专业知识	专业知识水平，包含工作经历、专业技术任职情况等
	前沿知识	对前沿知识的了解情况（学科领域）
能力	学习能力	学习意识、坚持学习能力等
	前沿把握能力	了解专业领域发展趋势、应用能力
	发现问题能力	分析、发现问题的能力，并提出有用研究课题
	解决问题能力	运用知识及科研成果解决实际问题
	团队协作能力	与团队其他成员沟通能力
业绩	科研项目	开展项目情况
	论文专著	发表过高质量论文
	研究报告	撰写过学术报告
	学术交流	组织或参加过学术的情况
贡献	专业领域支撑	为产业发展、应用提供基础支撑等贡献
	人才培养	队伍建设、专业人才培养方面的贡献
	社会贡献	发挥专业技术服务社会发展

第六节 创新型科技人才评价指标要素

续表

一级指标	二级指标	指标的含义
潜力	创新动力	创新意识、科研责任、进取精神
	发展规划	科研工作发展规划、个人发展规划
	支撑条件	科研工作依托平台支持的保障条件

表6-5 指标体系初步形成的框架（应用研究类）

一级指标	二级指标	指标的含义
知识	基础知识	基础知识水平，包含受教育的程度、知识广泛程度等
	专业知识	专业知识水平，包含工作经历、专业技术任职情况等
	前沿知识	对前沿知识的了解情况（学科领域）
能力	学习能力	学习意识、坚持学习能力等
	前沿把握能力	了解专业领域发展趋势、应用能力
	发现问题能力	分析、发现问题的能力，并提出有用研究课题
	解决问题能力	运用知识及科研成果解决实际问题
	技术创新集成能力	通过创新集成解决专业领域的技术问题
	团队协作能力	与团队其他成员沟通能力
业绩	科研项目	开展项目情况
	知识产权	获得知识产权情况
	学术交流	组织或参加过学术的情况
	成果转化应用情况	成果的推广、应用及技术转化情况
贡献	专业领域支撑	推动学科水平，解决核心技术难题
	人才培养	队伍建设、专业人才培养方面的贡献
	经济贡献	成果转化带来的经济效益
	社会贡献	发挥专业技术服务社会发展
潜力	创新动力	创新意识、科研责任、进取精神
	发展规划	个人发展规划
	支撑条件	科研工作依托平台支持的保障条件

表6-6　标准体系初步形成的框架（技术开发类）

一级指标	二级指标	指标的含义
知识	基础知识	基础知识水平，包含受教育的程度、知识广泛程度等
	专业知识	专业知识水平，包含工作经历、专业技术任职情况等
	前沿知识	对前沿知识的了解情况（学科领域）
能力	学习能力	学习意识、坚持学习能力等
	前沿把握能力	了解专业领域发展趋势、应用能力
	发现问题能力	分析、发现问题的能力，并提出有用研究课题
	解决问题能力	运用知识及科研成果解决实际问题
	技术创新集成能力	通过创新集成解决专业领域的技术问题
	团队协作能力	与团队其他成员沟通能力
业绩	科研项目	开展项目情况
	知识产权	获得知识产权情况
	标准制度	行业领域中的标准制度情况
	成果转化应用情况	成果的推广、应用及技术转化情况
贡献	专业领域支撑	推动学科水平，解决核心技术难题
	人才培养	队伍建设、专业人才培养方面的贡献
	经济贡献	成果转化带来的经济效益
	社会贡献	发挥专业技术服务社会发展
潜力	创新动力	市场意识、科研责任、进取精神
	发展规划	个人发展规划
	支撑条件	科研工作依托平台支持的保障条件

三、不同职业类型创新科技人才指标趋同性

不同类型的创新型科技人才形成不同的标准体系框架，基础研究类、应用研究类以及技术开发类都是在知识、能力、业绩、贡献、潜力这五类一级指标下开展的二类指标。知识指标对任何类型的科技人才都是同样重要的。而能力指标下的二级指标，应用研究类创新型科技人才及技术开发类创新型

第六节 创新型科技人才评价指标要素

科技人才均设置学习能力、前沿把握能力、发现问题能力、解决问题能力、技术创新集成能力及团队协作能力等二级指标；基础研究类创新型科技人才没有设置技术创新集成能力二级指标，但增强二级指标带动能力。此外，针对业绩指标，不管是任何类型的科技人才，都需要设置科研项目二级指标，而针对贡献指标，人才培养、社会贡献是任何类型创新型科技人才设置的二级指标。由此可见，不同类型的创新型科技人才在设置人才评价指标中存在许多相同之处。

第七节
创新型科技人才评价体系构建

人才创新性、人才复杂性、人才不确定性是人才评价系统的三大基本特性，致使人才评价系统对人才能力的评价存在不同程度的模糊性，对创新成果价值和质量的判定存有不足。因此，以质量作为人才评价系统的评价指数评价人才能力时可能存在一定的评价模糊性；评价科技人才内容及质量时，也不能仅按照公式计算，因为自身知识及经验对评价主体有客观评价。此外，不同类型人才评价相同内容时，评价结果比较容易得出，体现出人才评价具有非量化及模糊性。为获得相对精确的量化结果，就要在人才信息整理中采用模糊运算。进而，要在质量评价指标的根基上创建以模糊运算为机制核心的人才评级模型，进一步提高人才评估体系的完整性和有效性。

一、创新型科技人才评价体系权重的确定

（一）评价指标体系框架的确定

1. 专家组的成立

为遵守构建体系原则和保持指标特点，针对不同类型科技人才分别成立专家组，并采用德尔菲法进行调查。专家组共有成员9位，在政府部门、高校研究院等单位从事科技人才方面的管理工作，其中有7位专家对基础研究类、应用研究类、技术开发类等工作比较熟悉。选择专家时，要求专家必须具备从事相关领域科技人才管理工作10年以上经验，对专家的年龄、学历、职称等均有严格要求。

2. 专家组系数的确认

给每组专家各发 15 份问卷，然后查看收回的问卷数 / 发放的问卷总数，结果越接近 1，专家的参与度便越高。

3. 权威系数的确认

Cr 表示专家对某一指标的评判结果；Ca 表示专家给出这个评判结果的依据或理由；Cs 表示专家对该指标的熟悉程度或专业程度。

$$Cr=\frac{(Ca+Cs)}{2}$$

通过设置参考文献及自评，确定科技人才评价指标权重，其中，Cs 设置五个等级（见表 7-1），判断依据设置四个方面（见表 7-2）。

表 7-1　科技人才评价指标权重等级

非常熟悉	很熟悉	一般熟悉	不太熟悉	不熟悉
1.0	0.8	0.6	0.4	0.2

表 7-2　评判依据

判断依据	影响程度		
	很大	一般	较小
工作经验	0.5	0.4	0.3
理论	0.3	0.2	0.1
参考文献	0.1	0.1	0.1
第六感	0.1	0.1	0.1

将数值代入公式，可见 Cr 在 0~1 之间波动。若 Cr 数值大于 0.7，表示评判结果可以接受；Cr 数值大于 0.8，表示评判结果可信。以第一位专家为例，此专家对 Cs 非常熟悉，具有丰富的工作经验，但理论分析一般，参考文献及第六感均相对较弱，因此，此专家的分值为（1+0.5+0.2+0.1+0.1）/2=0.95。按照上述方法可得，基础研究类专家组分值为 0.865，应用研究类专家组分值为 0.874，技术开发类专家组分值为 0.853。

4. 人才评价指标的确定

专家组认为应删除基础知识中的广泛程度，因为在评价过程中，广泛程度范围较大、界限模糊，存在不容易判断等问题；前沿把握能力和前沿知识有所重叠，所以删除前沿把握能力；团队协作能力存在不容易判断的问题，应删除；能力维度下增加带动能力。此外，在业绩维度下，针对不同类型的科技人才设置不同二级指标，其中，基础研究类科技人才，删除研究报告二级指标（见表7-3）；应用研究类科技人才删除技术创新集成能力二级指标，将知识产权改为自主知识产权取得及转化情况（见表7-4）；技术开发类科技人才，删除成果转化应用情况、解决问题能力等二级指标（见表7-5）。修订后，初步形成科技人才评价指标框架。

为确保二级指标准确性，收集不同数据并进行处理，将整理完成的评价指标重新评分（满分为5分）。

表7-3 基础研究类（科技人才评价指标重要评分）

指标	均值	变异系数
知识	4.94	0.03
能力	4.88	0.07
业绩	4.61	0.11
贡献	4.68	0.09
潜力	4.72	0.11
基础知识	4.7	0.11
专业知识	4.84	0.07
前沿知识	4.92	0.05
学习能力	4.72	0.11
发现问题能力	4.84	0.11
解决问题能力	4.63	0.09
带动能力	4.75	0.08
科研项目	4.74	0.12
论文专著	4.47	0.12

续表

指标	均值	变异系数
代表性成果	4.79	0.07
学术交流	4.39	0.12
专业领域支撑	4.73	0.13
人才培养	4.56	0.11
社会贡献	4.47	0.11
创新动力	4.96	0.05
发展规划	4.49	0.15
支撑条件	4.55	0.11

表 7-4 应用研究类（科技人才评价指标重要性评分）

指标	均值	变异系数
知识	4.32	0.12
能力	4.94	0.03
业绩	4.47	0.11
贡献	4.62	0.11
潜力	4.46	0.11
基础知识	4.21	0.15
专业知识	4.48	0.06
前沿知识	4.73	0.08
学习能力	4.54	0.12
发现问题能力	4.47	0.12
解决问题能力	4.88	0.07
带动能力	4.74	0.08
科研项目	4.56	0.11
自主知识产权取得及转化情况	4.60	0.11
代表性成果	4.86	0.06
学术交流	4.34	0.15

续表

指标	均值	变异系数
专业领域支撑	4.73	0.08
人才培养	4.53	0.11
经济贡献	4.27	0.10
社会贡献	4.62	0.12
创新动力	4.65	0.09
发展规划	4.45	0.12
支撑条件	4.52	0.13

表7-5　技术开发类（科技人才评价指标重要性评分）

指标	均值	变异系数
知识	4.21	0.14
能力	4.79	0.08
业绩	4.52	0.11
贡献	4.83	0.07
潜力	4.58	0.12
基础知识	3.92	0.21
专业知识	4.92	0.04
前沿知识	4.46	0.12
学习能力	4.52	0.11
发现问题能力	4.67	0.2
技术创新集成能力	4.49	0
带动能力	4.79	0.07
科研项目	4.48	0.09
自主知识产权取得及转化情况	4.74	0.11
代表性成果	4.65	0.10
专业领域支撑	4.46	0.11

续表

指标	均值	变异系数
人才培养	4.40	0.14
经济贡献	4.81	0.07
社会贡献	4.40	0.14
创新动力	4.87	0.06
发展规划	4.27	0.10
支撑条件	4.53	0.11

根据表7-3、表7-4和表7-5，基础研究类科技人才指标与应用研究类科技人才指标均在4分以上，并保留变异系数在0.2分之下的指标；技术开发类科技人才知识维度下，基础知识变异系数为0.21，部分专家认为基础知识对技术开发类科技人才而言不是重点。经讨论后，删除技术开发类科技人才知识维度下的基础知识。

（二）层次分析法

1. 构建层次分析的评价结果模型

层次分析法是将多个因素的问题进行结合优化，使问题便于处理、解决。此外，层次分析法需要从上而下构建结构模型，一般情况下，最高是目标层，中间是要素层，最低是措施层。

2. 各个层次评定

建立层次构建模型后，对层次要素的重要性进行判断，表7-6为判断定义及依据。

表7-6　科技人才评价模型评定尺度

判断尺度	定义
1	表示两个元素同等重要
3	表示一个元素比另一个元素稍微重要一点
5	表示一个元素比另一个元素明显重要一点

续表

判断尺度	定义
7	表示一个元素比另一个元素强烈重要
9	表示一个元素比另一个元素极度重要
2、4、6、8	在两个尺度中间的情况

3. 计算指标

①计算特征所对应的向量。

$$Y_i = \prod_{j=1}^{n} u_{ij} \ (i, j=1, 2, 3\cdots\cdots n)$$

②计算 Y_i 的 n 次方根 $\overline{M_i}$。

$$\overline{M_i} = \sqrt[n]{Y_i}$$

③对 $\overline{M} = \begin{bmatrix} \overline{M_1} & \overline{M_2} & \cdots & \cdots & \overline{M_n} \end{bmatrix}^t$ 进行归一化处理，即 $M_i = \overline{M_i} / \sum_{j=1}^{n} \overline{M_j}$

故而，$M = (M_1, M_2, M_3\cdots\cdots M_n)^T$ 就是我们所求的向量。

④根据结果求向量特征最大值。

$$\lambda_{max} = \frac{1}{n} \sum_{j=1}^{n} \frac{(pm)_i}{m_i}$$

⑤检验数据一致性。

根据 CR=CI/RI 计算，得出 $CI = \frac{1}{N-1}(\lambda_{max} - N)$，表 7-7 为 RI 值阶段判断。

表 7-7　RI 值阶段判断

阶层	1	2	3	4	5	6	7	8	9
RI	0	0	0.57	0.89	0.13	0.24	1.34	1.42	1.43

通过上述计算，所算结果若小于 0.10，表示没有通过验算，层次无效；若所算结果大于 0.10，说明通过验算，层次有效。

（三）确定权重

在征询专家组同意的基础上建立层次构建模型，其中目标层指科技人才，中间层是一级指标，最底层是二级指标。此外，在专家组中选取5位经验丰富的专家作为本次评议专家，并选取专家的权重平均分作为评判依据。本书以基础研究类科技人才为例。

表7-8　基础研究类科技人才评价模型指标权重

要素层	1号专家	2号专业	3号专家	4号专家	5号专家	平均值
知识	0.156	0.178	0.133	0.322	0.297	0.217
能力	0.135	0.176	0.317	0.243	0.235	0.221
业绩	0.282	0.217	0.233	0.106	0.225	0.212
贡献	0.303	0.265	0.163	0.241	0.144	0.223
潜力	0.122	0.165	0.151	0.150	0.064	0.130
CR	0.012	0.028	0.022	0.003	0.007	

由表7-8可知，专家结果评价均大于0.1，通过验证。此外，不同专家针对要素层，分析指标权重，并且给出平均值，其中基础研究类科技人才的一级指标知识、能力、业绩、贡献、潜力的权重平均值分别是0.22、0.22、0.21、0.22、0.13。

对基础研究类科技人才知识层下的基础知识、专业知识及前沿知识进行权重分析，详情如表7-9所示。

表7-9　基础研究类科技人才评价模型——知识层权重分析

知识层	1号专家	2号专家	3号专家	4号专家	5号专家	平均值
基础知识	0.183	0.201	0.200	0.334	0.153	0.214
专业知识	0.274	0.401	0.312	0.335	0.507	0.365
前沿知识	0.544	0.405	0.485	0.333	0.341	0.421
CR	0	0	0.003	0	0.073	

检验可知数据有效。由表7-9可知，基础研究类科技人才知识层下的基

础知识、专业知识、前沿知识的权重比例平均值分别为 0.21、0.37、0.42。

对基础研究类科技人才能力层下的学习能力、发现问题能力、解决问题能力、带动问题能力进行权重分布，详情如表 7-10 所示。

表 7-10　基础研究类科技人才评价模型——能力层权重分析

能力层	1号专家	2号专家	3号专家	4号专家	5号专家	平均值
学习能力	0.163	0.191	0.362	0.118	0.423	0.251
发现问题能力	0.474	0.514	0.360	0.103	0.226	0.335
解决问题能力	0.106	0.104	0.082	0.323	0.228	0.168
带动能力	0.224	0.191	0.198	0.456	0.123	0.238
CR	0.016	0.008	0.007	0.027	0.004	

检验可知数据有效。由表 7-10 可知，能力层下的学习能力、发现问题能力、解决问题能力及带动能力权重比例平均值分别是 0.25、0.34、0.17、0.24。

对基础研究类科技人才业绩层下的科研项目、论文专著、代表性成果及学术交流进行权重分析，详情如表 7-11 所示。

表 7-11　基础研究类科技人才评价模型——业绩层权重分析

业绩层	1号专家	2号专家	3号专家	4号专家	5号专家	平均值
科研项目	0.107	0.203	0.213	0.245	0.158	0.185
论文专著	0.317	0.300	0.256	0.243	0.283	0.279
代表性成果	0.384	0.404	0.422	0.394	0.424	0.405
学术交流	0.184	0.101	0.105	0.116	0.128	0.126
CR	0.011	0	0.04	0.004	0.005	

检验可知数据有效。由表 7-11 可知，业绩层下的科研项目、论文专著、代表性成果及学术交流权重比例平均值分别是 0.19、0.28、0.41、0.13。

对基础研究类科技人才贡献层下的专业领域支撑、人才培养、社会贡献进行权重分析，详情如表 7-12 所示。

第七节 创新型科技人才评价体系构建

表 7-12 基础研究类科技人才评价模型——贡献层权重分析

贡献层	1号专家	2号专家	3号专家	4号专家	5号专家	平均值
专业领域支撑	0.526	0.449	0.456	0.334	0.541	0.461
人才培养	0.245	0.250	0.345	0.334	0.296	0.294
社会贡献	0.226	0.252	0.196	0.338	0.163	0.235
CR	0.009	0	0.015	0	0.007	

检验可知数据有效。由表 7-12 可知,贡献层下的专业领域支撑、人才培养、社会贡献权重比例平均值分别是 0.46、0.29、0.24。

对基础研究类科技人才潜力层下的创新动力、发展规划、支撑条件进行权重分析,详情如表 7-13 所示。

表 7-13 基础研究类科技人才评价模型——潜力层权重分析

潜力层	1号专家	2号专家	3号专家	4号专家	5号专家	平均值
创新动力	0.428	0.385	0.506	0.296	0.627	0.448
发展规划	0.428	0.445	0.253	0.162	0.131	0.283
支撑条件	0.146	0.168	0.254	0.520	0.239	0.265
CR	0	0.015	0	0.08	0.015	

检验可知数据有效。由表 7-13 可知,潜力层下的创新动力、发展规划、支撑条件权重比例平均值分别是 0.45、0.28、0.27。

采用相同方法,分析应用研究类科技人才及技术开发类科技人才评价指标体系权重,最终确定人才评价指标权重,如表 7-14、表 7-15 和表 7-16 所示。

表 7-14 基础研究类人才评价指标确定

一级指标	二级指标	指标的含义
知识 0.22	基础知识0.21	基础知识水平,包含受教育的程度、知识广泛程度等
	专业知识0.37	专业知识水平,包含工作经历、专业技术任职情况等
	前沿知识0.42	对前沿知识的了解情况(学科领域)

93

续表

一级指标	二级指标	指标的含义
能力 0.22	学习能力0.25	学习意识、坚持学习能力等
	发现问题能力0.34	分析、发现问题能力,并提出有用研究课题
	解决问题能力0.17	运用知识及科研成果解决实际问题
	带动能力0.24	带动学科建设进步的能力
业绩 0.21	科研项目0.19	开展项目情况
	论文专著0.28	发表过高质量论文
	代表性成果0.41	原创代表性成果学术情况
	学术交流0.13	组织或参加过学术的情况
贡献 0.22	专业领域支撑0.46	为产业发展、应用提供基础支撑等贡献
	人才培养0.29	队伍建设、专业人才培养方面的贡献
	社会贡献0.24	发挥专业技术服务社会发展
潜力 0.13	创新动力0.45	创新意识、科研责任、进取精神
	发展规划0.28	科研工作发展规划、个人发展规划
	支撑条件0.27	科研工作依托平台支持的保障条件

表7-15 应用研究类人才指标评价指标确定

一级指标	二级指标	指标的含义
知识 0.15	基础知识0.15	基础知识水平,包含受教育的程度、知识广泛程度等
	专业知识0.46	专业知识水平,包含工作经历、专业技术任职情况等
	前沿知识0.39	对前沿知识的了解情况(学科领域)
能力 0.26	学习能力0.15	学习意识、坚持学习能力等
	发现问题的能力0.18	分析、发现问题的能力,并提出有用研究课题
	解决问题的能力0.39	运用知识及科研成果解决实际问题
	带动能力0.28	带动学科建设进步的能力
业绩 0.18	科研项目0.22	开展项目情况
	自主知识产权取得及转化情况0.23	获得知识产权情况
	代表性成果0.48	原创代表性成果学术情况
	学术交流0.08	组织或参加过学术的情况

续表

一级指标	二级指标	指标的含义
贡献 0.27	专业领域支撑0.38	推动学科水平，解决核心技术难题
	人才培养0.22	队伍建设、专业人才培养方面的贡献
	经济贡献0.21	成果转化的经济效益
	社会贡献0.18	发挥专业技术服务社会发展
潜力 0.14	创新动力0.37	创新意识、科研责任、进取精神
	发展规划0.38	个人发展规划
	支撑条件0.25	科研工作依托平台支持的保障条件

表7-16 技术开发类人才指标评价确定

一级指标	二级指标	指标的含义
知识 0.08	专业知识0.61	专业知识水平，包含工作经历、专业技术任职情况等
	前沿知识0.39	对前沿知识的了解情况（学科领域）
能力 0.18	学习能力0.11	学习意识、坚持学习能力等
	发现问题的能力0.12	分析、发现问题的能力，并提出有用研究课题
	技术创新集成能力0.43	通过创新集成解决专业领域的技术问题
	带动能力0.34	带动学科建设进步的能力
业绩 0.29	科研项目0.17	开展项目情况
	自主知识产权取得及转化情况0.14	获得知识产权情况
	标准制度0.29	行业领域中的标准制度情况
	代表性成果0.40	代表性成果的创新和应用价值
贡献 0.32	专业领域支撑0.18	推动学科水平，解决核心技术难题
	人才培养0.22	队伍建设、专业人才培养方面的贡献
	经济贡献0.42	成果转化带来的经济效益
	社会贡献0.42	发挥专业技术服务社会发展
潜力 0.13	创新动力0.38	市场意识、科研责任、进取精神
	发展规划0.21	个人发展规划
	支撑条件0.41	科研工作依托平台支持的保障条件

二、创新型科技人才评价体系理论模型构建

运用模糊评价法建立模糊综合评价模型,而模糊数学是建立模糊综合评价模型的基础。综合性量化评价科技人才评价模型时,首先组成所评价对象的各要素,并赋予相应权重。其次,根据需求划分等级。最后,根据模糊评价方法评价各要素。

(一)模糊评价指标的构建

上文已采集并确定科技人才评价指标,所以已基本确认基础研究类科技人才评价模型评价指标、应用研究类科技人才评价模型评价指标、技术开发类科技人才评价模型评价指标。用 A 表示评价指标,即 $A=\{A_1, A_2 \cdots\cdots A_m\}$,其中 m 表示评价指标数量。

(二)构建科技人才评价等级集

构建评价等级是构建评语,用 B 表示,即 $B=\{B_1, B_2 \cdots\cdots B_m\}$,其中 n 表示各人才评价等级的几种判决,一般判决等级在 3 至 5 个之间。本书将人才评价等级设为{优秀、良好、中等、及格},等级分数矩阵设为 B=(90,80,70,60)。

(三)构建科技人才指标权重集

权重集用 C 表示,即 $C=\{C_1, C_2 \cdots\cdots C_m\}$,其中 C_m 指 m 个指标权重。构建体系过程中,采用层次分析法确定各指标权重。

(四)构建科技人才评价指标的模糊矩阵

建立评价指标后,对评价对象进行等级评价。通过计算各指标,确定各指标权重,得出第 m 个指标 D_m 评价集 $r=\{r_1, r_2 \cdots\cdots r_m\}$,其中 m 是指标个数,这样就构成科技人才评价指标模糊矩阵,即 R。

$$R = \begin{bmatrix} r_{11} & r_{12} & \cdots\cdots & r_{1m} \\ r_{21} & r_{22} & \cdots\cdots & r_{2m} \\ & & \cdots\cdots & \\ r_{n1} & r_{n2} & \cdots\cdots & r_{nm} \end{bmatrix}$$

（五）模糊变换

计算评价客体对各等级模糊子集的隶属程度的公式：

$$X = C \cdot R = (x_1, x_2 \cdots\cdots x_m)$$

X——模糊综合评价体系

C——权重集

R——评价指标模糊矩阵

·——模糊矩阵运算规则（方法），本书采用加权平均的计算方法。

（六）一致化处理和计算评价结果

模糊计算得出相应结果后，首先检验结果是否满足归一化的原则，将不满足结果的数据进行归一化处理：$X = x_1, / \sum x_1$，将满足规划性原则的数据按照 $Z = XB^T$ 计算，计算出科技人才评价量化得分。

三、创新科技人才评价指标体系分析——以应用研究类的科技人才为例

以应用研究类科技人才为例，进行模糊综合评价研究。首先，选取3名专业相同的科技人才，分别用1号、2号、3号表示。其中1号科技人才为领头人，2号和3号为后备人选。此外，选取5位专业组成员组建评议小组，并对3位科技人才的专业领域进行评议，同时按照上述构建的模糊综合评价进行评分。表7-17是对1号科技人才评价的具体分析。

表7-17 综合模糊评价数据分析

指标		绝对值/人				比重/%			
		优秀	良好	中等	及格	优秀	良好	中等	及格
知识 C1	基础知识D1	5	0	0	0	1	0	0	0
	专业知识D2	3	2	0	0	0.6	0.4	0	0
	前沿知识D3	2	2	1	0	0.4	0.4	0.2	0

续表

指标		绝对值/人				比重/%			
		优秀	良好	中等	及格	优秀	良好	中等	及格
能力 C2	学习能力D4	2	1	1	1	0.4	0.2	0.2	0.2
	发现问题能力D5	4	1	0	0	0.8	0.2	0	0
	解决问题能力D6	3	2	0	0	0.6	0.4	0	0
	带动能力D7	3	1	1	0	0.6	0.2	0.2	0
业绩 C3	科研项目D8	4	1	0	0	0.8	0.2	0	0
	自主知识产权取得及转化情况D9	0	4	1	0	0	0.8	0.2	0
	代表性成果D10	3	1	1	0	0.6	0.2	0.2	0
	学术交流D11	2	2	1	0	0.4	0.4	0.2	0
贡献 C4	专业领域支撑D12	3	1	1	0	0.6	0.2	0.2	0
	人才培养D13	4	1	0	0	0.8	0.2	0	0
	经济贡献D14	3	2	0	0	0.6	0.4	0	0
	社会贡献D15	2	2	1	0	0.4	0.4	0.2	0
潜力 C5	创新动力D16	2	2	1	0	0.4	0.4	0.2	0
	发展规划D17	2	3	0	0	0.4	0.6	0	0
	支撑条件D18	2	2	1	0	0.4	0.4	0.2	0

（一）模糊综合评价的集合

以1号科技人才的D1、D2、D3指标为例，阐述构建模糊子集的步骤。首先，按照评议小组对1号科技人才的评价结果，分别计算出各指标对应的{优秀、良好、中等、及格}比重，得出集合评价如下：

基础知识（D1）评价模糊集为R_{D1}=[1，0，0，0]；

专业知识（D2）评价模糊集为 R_{D2}=[0.6，0.4，0，0]；

前沿知识（D3）评价模糊集为 R_{D3}=[0.4，0.4，0.2，0]。

（二）一级指标的模糊综合评价的构建

按照相同方法计算单个模糊子集，构成评议小组对 1 号科技人才指标的评价矩阵为：

$$R_{C1}=\begin{bmatrix} R_{D1} \\ R_{D2} \\ R_{D3} \end{bmatrix} \cdot \begin{bmatrix} 1, & 0, & 0, & 0 \\ 0.6, & 0.4, & 0, & 0 \\ 0.4, & 0.4, & 0.2, & 0 \end{bmatrix}$$

在构建的过程中，已确定基础知识 D1、专业知识 D2、前沿知识 D3 的权重比例，因此 C1 权重模糊集为 C_{C1}=（0.15，0.46，0.39），将两个集合通过模糊计算运行合为：

$$x_{C1}=C_{C1} \cdot R_{C1}=（0.15，0.46，0.39）\cdot \begin{bmatrix} 1, & 0, & 0, & 0 \\ 0.6, & 0.4, & 0, & 0 \\ 0.4, & 0.4, & 0.2, & 0 \end{bmatrix}$$

$$=（0.66，0.26，0.08，0）$$

因为 0.66+0.26+0.08+0=1，所以不需要进行"归一化"处理。评议小组对 1 号科技人才的知识指标进行评价，66% 认为其优秀，26% 认为其良好，8% 认为其中等，无人认为其及格。

采取相同方法计算 1 号科技人才的能力指标，即 C2 模糊矩阵为：

$$R_{C2}=\begin{bmatrix} R_{D4} \\ R_{D5} \\ R_{D6} \\ R_{D7} \end{bmatrix} \cdot \begin{bmatrix} 0.4, & 0.2, & 0.2, & 0.2 \\ 0.8, & 0.2, & 0, & 0 \\ 0.6, & 0.4, & 0, & 0 \\ 0.6, & 0.2, & 0.2, & 0 \end{bmatrix}$$

能力 C2 权重模糊集为 C_{C2}=（0.15，0.18，0.39，0.28），能力 C2 模糊综合评价为：

$$x_{C2}=C_{C2} \cdot R_{C2}=（0.15，0.18，0.39，0.28）\cdot \begin{bmatrix} 0.4, & 0.2, & 0.2, & 0.2 \\ 0.8, & 0.2, & 0, & 0 \\ 0.6, & 0.4, & 0, & 0 \\ 0.6, & 0.2, & 0.2, & 0 \end{bmatrix}$$

$$=（0.56，0.24，0.17，0.03）$$

因为 0.56+0.24+0.17+0.3=1，所以不需要进行"归一化"处理，评议小组对 1 号科技人才的能力指标进行评价，其中 56% 认为其优秀，24% 认为其良好，17% 认为其中等，3% 认为其及格。

采取相同方法计算 1 号科技人才的业绩指标，即 C3 模糊矩阵为：

$$R_{C3}=\begin{bmatrix} R_{D8} \\ R_{D9} \\ R_{D10} \\ R_{D11} \end{bmatrix} \cdot \begin{bmatrix} 0.8, & 0.2, & 0, & 0 \\ 0, & 0.8, & 0.2, & 0 \\ 0.6, & 0.2, & 0.2, & 0 \\ 0.4, & 0.4, & 0.2, & 0 \end{bmatrix}$$

业绩 C3 权重模糊集为 =（0.22, 0.23, 0.48, 0.08），业绩 C3 模糊综合评价为：

$$x_{C3}=C_{C3} \cdot R_{C3}=(0.22, 0.23, 0.48, 0.08) \cdot \begin{bmatrix} 0.8, & 0.2, & 0, & 0 \\ 0, & 0.8, & 0.2, & 0 \\ 0.6, & 0.2, & 0.2, & 0 \\ 0.4, & 0.4, & 0.2, & 0 \end{bmatrix}$$

$$=(0.49, 0.39, 0.12, 0)$$

因为 0.49+0.39+0.12+0=1，所以不需要进行"归一化"处理，评议小组对 1 号科技人才的业绩指标进行评价，其中 49% 认为优秀，39% 认为良好，12% 认为中等，无人认为及格。

采取相同方法计算 1 号科技人才的贡献指标，即 C4 模糊矩阵为：

$$R_{C4}=\begin{bmatrix} R_{D12} \\ R_{D13} \\ R_{D14} \\ R_{D15} \end{bmatrix} \cdot \begin{bmatrix} 0.6, & 0.2, & 0.2, & 0 \\ 0.8, & 0.2, & 0, & 0 \\ 0.6, & 0.4, & 0, & 0 \\ 0.4, & 0.4, & 0.2, & 0 \end{bmatrix}$$

贡献 C4 权重模糊集为 =（0.38, 0.22, 0.21, 0.18），贡献 C4 模糊综合评价为：

$$x_{C4}=C_{C4} \cdot R_{C4}=(0.38, 0.22, 0.21, 0.18) \cdot \begin{bmatrix} 0.6, & 0.2, & 0.2, & 0 \\ 0.8, & 0.2, & 0, & 0 \\ 0.6, & 0.4, & 0, & 0 \\ 0.4, & 0.4, & 0.2, & 0 \end{bmatrix}$$

$$=(0.63, 0.29, 0.09, 0)$$

因为 0.63+0.29+0.09+0=1.01，所以需要进行"归一化"处理：

$$\overline{X_{B4}} = (0.63/1.01,\ 0.29/1.01,\ 0.09/1.10,\ 0/1.01) = (0.62,\ 0.29,\ 0.09,\ 0)$$

根据上述可知，评议小组对 1 号科技人才的贡献指标进行评价，其中 62% 认为优秀，29% 认为良好，9% 认为中等，无人认为及格。

采取相同方法计算 1 号科技人才的潜力指标，即 C5 模糊矩阵为：

$$R_{C5} = \begin{bmatrix} R_{D16} \\ R_{D17} \\ R_{D18} \end{bmatrix} \cdot \begin{bmatrix} 0.4,\ 0.4,\ 0.2,\ 0 \\ 0.4,\ 0.6,\ 0,\ 0 \\ 0.4,\ 0.4,\ 0.2,\ 0 \end{bmatrix}$$

潜力 C5 权重模糊集为 $C_{C5}=(0.37,\ 0.38,\ 0.25)$，贡献 C5 模糊综合评价为

$$x_{C5}=C_{C5}\cdot R_{C5}=(0.37,\ 0.38,\ 0.25)\cdot \begin{bmatrix} 0.4,\ 0.4,\ 0.2,\ 0 \\ 0.4,\ 0.6,\ 0,\ 0 \\ 0.4,\ 0.4,\ 0.2,\ 0 \end{bmatrix}$$

$$=(0.4,\ 0.45,\ 0.15,\ 0)$$

因为 0.4+0.45+0.15+0=1，所以不需要进行"归一化"处理，评议小组对 1 号科技人才的潜力指标进行评价，其中 4% 认为优秀，45% 认为良好，15% 认为中等，无人认为及格。

（三）对科技人才评价指标进行综合评价

综合模糊矩阵：$R=\begin{bmatrix} 0.66,\ 0.26,\ 0.08,\ 0 \\ 0.56,\ 0.24,\ 0.17,\ 0.03 \\ 0.49,\ 0.39,\ 0.12,\ 0 \\ 0.62,\ 0.29,\ 0.09,\ 0 \\ 0.40,\ 0.45,\ 0.15,\ 0 \end{bmatrix}$

整体权重模糊集为 C=（0.15, 0.26, 0.18, 0.27, 0.14）

故整体模糊综合集评价为：

$$X=C\cdot R=(0.15,\ 0.26,\ 0.18,\ 0.27,\ 0.14)\cdot \begin{bmatrix} 0.66,\ 0.26,\ 0.08,\ 0 \\ 0.56,\ 0.24,\ 0.17,\ 0.03 \\ 0.49,\ 0.39,\ 0.12,\ 0 \\ 0.62,\ 0.29,\ 0.09,\ 0 \\ 0.40,\ 0.45,\ 0.15,\ 0 \end{bmatrix}$$

$$=(0.54,\ 0.33,\ 0.11,\ 0.02)$$

因为 0.54+0.33+0.11+0.02=1，所以不需要进行"归一化"处理。评议小

组对1号科技人才进行综合评价，其中认为优秀的占比54%，认为良好的占比33%，认为中等的占比11%，认为及格的占比2%。

（四）科技人才1号的综合评价

按照评价计算公式，1号科技人才整体综合评价集合X与评价值集B=（90，80，70，60）相乘，最终得出1号科技人才评价分数为：

$$Z = X \cdot B^T = (0.54, 0.33, 0.11, 0.02) \cdot (90, 80, 70, 60)^T = 84.1$$

（五）应用研究类另外2位科技人才综合模糊评价

采取相同计算方法，计算出2号科技人才与3号科技人才的综合模糊评价数据，并进行整理。具体数据如表7-18所示。

表7-18 综合模糊评价数据分析

一级指标	2号科技人才				3号科技人才			
	优秀	良好	中等	及格	优秀	良好	中等	及格
知识	0.17	0.57	0.26	0	0.08	0.47	0.45	0
能力	0.03	0.47	0.33	0.17	0.14	0.28	0.28	0.30
业绩	0.09	0.58	0.33	0	0	0.21	0.62	0.17
贡献	0.12	0.35	0.44	0.09	0.08	0.08	0.24	0.60
潜力	0.32	0.42	0.26	0	0.43	0.47	0.10	0
综合	0.12	0.49	0.35	0.06	0.14	0.26	0.33	0.27
最后得分	76.5分				72.7分			

综上，评价小组按照优秀、良好、中等、及格4个等级对3位科技人才进行模糊综合评价。构建模糊综合评价模型，带入评价小组的得分情况，可知：1号科技人才模糊综合评分为84.1分，2号科技人才模糊综合评分为76.5分，3号科技人才模糊综合评分为72.7分。从评价数据可知，1号科技人才与2号科技人才、3号科技人才相比较为优秀；2号科技人才、3号科技人才与1号科技人才相比，业绩指标及贡献指标表现均不突出。评价结果与实际情况相符，说明本评价模型应用于科技人才评价具有可比性。

第八节
创新型科技人才评价体系运用难点及应对策略

一、创新型科技人才评价体系运用难点

（一）政策竞争力不足

现阶段，我国创新型科技人才评价政策虽然已经涉及各年龄、各领域，但在竞争力方面仍存在严重不足。

创新型科技人才评价政策竞争力不足是由多方因素造成。首先，各地区之间的评价政策越来越同质化。其次，创新型科技人才评价政策逐渐将资金支持、物质生活等作为标配，导致上级人才评价政策与同级人才评价政策相互借鉴，出现政策不稳定、评价不公平等问题。再次，人才评价政策执行力、监管力不到位。从次，科技人才评价政策的奖金发放不及时、支持力度弱等问题都会影响人才评价竞争力。最后，发布创新型科技人才评价的渠道比较单一、宣传方面存在滞后性。

（二）人才评价环境不佳

部分地区城市发展与科技人才评价发展皆存在各种问题。其中科技人才评价发展的问题主要分为外部环境及内部环境，城市发展状况能够直接影响科技人才评价的外部发展情况；外部环境主要由城市发展状况决定。因此，外部环境发展的问题应当引起大家重视。外部环境能够直接影响科技人才评价发展，内部环境对产业环境发展具有重要意义。部分地区科技并不发达，

大部分产业以制造业为主，对科技人才需求量不大。造成这种局面的原因如下所述。首先，就经济环境、产业环境而言，部分地区发展落后，达不到科技人才的需求，尤其是高新技术产业达不到标准，导致创新型科技人才评价探索不出合适的发展环境，从而浪费创新型科技人才评价资源。其次，部分地区缺乏人才管理机制、人才任用机制，导致资源分配不合理。此外，学历高的人才想进入政府、高校等；即便进了企业，也想朝着管理方向发展，因此虽然政府吸引了很多人才，但还是缺乏科技型人才。

（三）同行评价难破"唯数量化"评价导向

创新型科技人才同行评价是由学术共同体发挥作用，并且从相同领域专家角度鉴别科技人才学术贡献及科技成果，从而突破"唯数量化"评价导向。现阶段，同行评价面临几个难题。一是，虽然大部分专家均了解政策导向，但在实际评价过程中，仍存在无从下手、无法准确掌握评价尺度等现象。二是，针对评价任务多、专家数量少的情况，只能要求规定时间内评审专家完成评审任务，评审专家压力较大，因此专家一味追求评审速度，但又以学术论文是否为第一作者等作为评审标准，导致无法发挥同行评议作用。由此可见，虽然国家颁布了同行评价的相关政策，而且评审专家能够了解政策评审导向，但是在实施过程中，仍存在无法摆脱"唯数量化"的评价方式。

（四）信息壁垒阻碍机制畅通

创新型科技人才评价工作效益是建立在信息共享基础上的，若工作推进汇总过程中，出现信息传递缓慢、人才数据纰漏等问题，容易导致创新型科技人才评价工作陷入"僵局"，不利于提高科技人才评价工作效益。部分地区在科技人才评价工作中已经出现信息梗阻化的现象。

政府个别部门可能缺乏系统性的信息管理系统，导致科技人才评价部门、组织与财政等部门交流不顺畅，而且在科技人才申报、引进、落户等环节出现壁垒，可能导致流程运行不顺畅，影响科技人才评价效率。此外，一个人申报不同类型科技人才时，缺乏信息整合平台，导致信息梗阻化。由于引进不同类型科技人才时需要使用不同网站，但规则、标准、科技人才信息等互不相同，缺乏系统将两者信息整合、共享，进而增加科技人才评价工作人员的工作量。

（五）人才评价缺少监督

创新型科技人才评价过程中存在部分评审专家审稿不认真、评审结果不合理等问题，但即便被评审者对评审结果存在不满等，也找不出有效的解决方法。原因有以下几点：首先，缺乏有效、畅通的申诉渠道及反馈机制，特别是在外审评价活动中，被评审者即使认为评审不合理也很难有补救方法，还可能因为不合理评价降低工作积极性。有效反馈机制的缺乏阻碍了验证人才评价结果的合理性，导致评审专家未了解自身评审方法的缺点，不能够及时地调整评价方法，若采取错误评价方法，将导致人才评价陷入消极循环。其次，缺乏评审专家责任追究机制。在同行评价活动中，评审专家绝大部分是大同行，若评审专家对相关领域缺乏了解、评审行为缺乏有效监督，将出现评审专家因为粗心、怠慢而随意评价等问题，导致评审结果缺乏科学性、合理性，评审效果达不到预期目标。最后，评审过程缺乏监管，导致评审结果不合理，若评审专家出现学术不正、包庇等违规行为，将导致评审工作的重心导向转为学术混子圈，严重影响学术氛围。

（六）人才评价缺乏公平公正

科技人才评价过程中，需要专门工作人员、专业考试设备，需要一笔不小数目的经费，但有些地区为追求经济利益，以降低科技人才评价标准、省略评价流程、采用假培训等方式节约成本。首先，由于相关部门未颁布相关法律，不良现象屡禁不止。以行业协会为例，若报名收费较低、报名人数较少，个别行业协会可能不愿意承担考试评价任务，或者由于规定收费标准较低，出现随意调整收费、转移费用等情况，甚至出现为获取利润，联合培训机构凑人数培训、获取证书等现象。其次，以职业技能为例，有些比赛的参赛人可以100%获得证书。例如，2020年某职业培训学校联合举办的茶艺师比赛，只需符合报名条件，均可获得茶艺师相应等级证书。甚至比赛过程中，出现组织方委托专家协助出题的现象，由于专家不了解赛区真实情况、教学设备及教育水平，导致大赛失去公平性。例如，2019年，由江苏镇江举办的某职业技能大赛中，由于镇江与其他地区平常训练条件不同，比赛规则没有明确要求不可带工具，导致镇江获得冠军，引起其他地区不满。可见，部分地区在科技人才评价过程中缺乏公平公正。

（七）缺乏政策执行力度

首先，政策宣传不到位。大中城市在政策实施方面宣传力度大，尤其是引进科技人才的政策宣传。对科技人才评价政策的宣传主要集中在政策出台前后，可能存在宣传周期较短、宣传保守、宣传不深入、缺乏持续性宣传等问题。例如，若缺乏宣传措施，容易导致基础信息出现纰漏等情况。一位在世界500强企业工作过的留学生认为"鸿雁计划"的目的是发展就业方向，而国外高层次留学生对人才引进政策缺乏了解，导致实施不顺畅。可见，政策宣传不到位，影响政策实施效果。

其次，政策执行过程中，缺乏有效沟通。人才评价政策的编制与实施是由多部门配合才能落到实处的，但各部门的规定存在差异，可能出现"多头管理""职位错位"等现象。此外，人才评价政策实施过程中，如果问题未有效解决，可能导致科技人才评价效果不佳。因此，政府需要加强部门协调，确保科技人才评价政策能够顺利实施。

最后，政府对创新型科技人才评价的开发策略有待完善。科技人才评价政策的合理性对创新科技人才十分重要，所以政府部门要实地考察，并针对考察过程中出现的问题进行指导，及时发现问题、解决问题。从目前情况看，科技人才评价政策不够完善，缺乏人才评价与政策之间的对接口，政策主体与科技人才主体之间没有实现精准对接。因此，科技人才评价应根据实地考察情况，及时调整政策方向，许多科技人才都因为人才评价政策与发展空间、科研评价之间对接存在问题而选择离开。

（八）评价指标片面

一直以来，各地区政府科技人才评价均比较注重毕业院校、学历、工作经验及获奖情况，较少深入探究科技人才的实际贡献、管理能力及可持续性项目发展。同时，科技人才评价指标缺乏针对性，未体现出科技人才的特长。在引进科技人才与培养科技人才过程中，存在未深入研究的现象，导致引进科技人才时一窝蜂似地"招"人；科技项目落地时，"随意性"地"塞"人，不能结合科技人才自身特点、人才资源配置、地区实际情况等推动地区内科技人才合理分布、流动，导致引进过多的科技人才、科技人才分布散乱等问题，无法形成"板块化"聚集科技人才资源。

二、创新型科技人才评价体系应用优化对策

（一）完善人才政策体系

1. 创新科技人才评价体系建设

在创新型科技人才发展基础上，优化创新型科技人才评价政策，提高政策实施水平。健全的政策体系、良好的政策实施水平是提高创新型科技人才评价政策满意度的直接方式，也能够充分解决创新型科技人才评价在政策竞争力上不足的问题。

首先，在政策法规方面，优化制度程序。针对创新型科技人才，提出更加有吸引力、竞争力的条件，如待遇优厚、资金支持、奖金、配偶子女就业等。优化知识产权体系，为创新型科技人才的研究工作创造有利条件，并加大对科技人才科研成果的保护力度。其次，在创新创业方面，推动创新和创业。各地区应明确创新创业的发展方向，让引进来的科技人才有目的性地开展科研项目。制定科技产业规划，避免故步自封，应多听取创新型科技人才的意见，形成创新型科技人才创新创业的良性循环。最后，在物质生活方面，重视现代化进程。在教育、医疗、文化、卫生、体育等方面全面发展，建设基础设施，确保城市建设能够留住人才。为创新型科技人才提供人才公寓，

实施发放购房券等措施。另外，政府部门应根据当地发展情况、物价及科技人才收入情况等，及时更新住房政策，解决人才居住的问题，让科技人才安心发展，没有后顾之忧。

2. 促进创新型科技人才评价政策的实施

创新型科技评价政策的实施决定城市能否留住人才，所以实施相关政策过程中，发现问题应及时解决，严格监督政策的实施，让创新型科技人才评价工作呈现出高效率、高质量的发展。

首先，统筹各机构，提高创新型科技人才的办事效率。在相关政策实施过程中，相关部门、用人单位等应充分发挥自身的统筹作用，及时处理相关业务，从而提高政策实施的水平。其次，提高政策管理及落实水平。部分地区关于科技人才引进的待遇及奖金落实情况模糊，资金流动、政策流转及办事人员效率等出现问题，这样会影响科技人才政策的公信力。因此，应积极落实创新型科技人才政策，提高工作效率，促进政策及时落实到位。最后，加强政策监督，使政策合法运行，杜绝违法行为。综上，政府应落实政策实施情况、效率情况、人员情况等，并且定期检查。若发现执行不公正、质量达不到等情况，及时反思、改进，促使创新型科技人才评价政策更好地为科技人才服务。

3. 重视并合理任用创新型科技人才

科技人才是科技产业创新最核心的力量。对发达国家来说，科技人才在人才发展中占据主导地位。此外，在统筹城市发展中，科技类行业与非科技类行业都应该兼顾。但长远来看，科技类行业的发展应得到重视，科技人才的建议也应重视。

首先，政策上更多倾斜于科技类人才，引进人才的同时合理任用科技人才。安排创新型科技人才岗位时，需要做到专业对口、岗位合适。部分地区人才引进还仅限于公务员系统、企事业单位，岗位大部分不需要专业知识，导致科技人才资源浪费。岗位安排应结合用人单位及相关专家意见，还要兼顾科技人才本人意见，这样才可以做到人尽其才。部分地区的科研单位申请科研项目补助，但是未能产出科研成果，导致科研资金、科研资源浪费，因此，出台科研人才考核机制迫在眉睫。其次，国际上，部分国家通过立法方式规范移民政策，将人才发展政策上升到法律高度，体现出对人才发展的重视。各地区应根据当地真实情况完善创新型科技人才政策。有的地方采用与外地科研机构、高校合作的方式来弥补当地科研力量的不足，有的是在奖励和落户上制定制度。不同地区的政策各有侧重，需要根据实际情况而定。

（二）重视人才评价建设

科技人才与科技产业密不可分，科技人才质量是科技产业发展的动力，科技产业的发展直接影响科技人才的发展空间。因此，改善科技人才评价发展环境必须从科技产业入手。

1. 改善创新型科技人才的发展环境

从社会层面而言，发达地区比较注重通过改善科研环境和科研氛围等方式给予科研人才优质的科研环境。例如，美国为科研人员提供绿卡且授予永久居住权，外来科技人才与本国科技人才享受相同资金待遇、奖励基础，以此吸引外国人才；日本采用创办研究所、产学研一体化、短期雇用等方式吸引人才，以此营造良好竞争氛围，为推动科技人才评价出一份力。因此，部分地区应将高新企业与科技人才聚集在一起，利用人才聚集效应，既能为科技人才提供良好的就业环境，还可以为科技成果落地提供便利条件，从而促进人才评价的良性循环。

2. 引进高新技术企业形成科技产业集群

引进高新技术企业、构建科技产业集群是优化科技产业结构的重大措施。有些地区发展较慢，高新技术企业数量较少，经济体量较小，科技应用落后，无法建立科技产业集群。城市的长期稳定发展，离不开科技人才的支持，要具备良好的科技产业环境，需要不断地招商引资，加大高新技术企业的引进力度，不仅带动传统产业的发展，鼓励中小企业创业，而且构建科技产业集群。首先，引进高新技术企业，提升城市整体实力。其次，高新技术企业带动传统产业技术的升级。最后，鼓励中小企业创新，实现产业技术改革。在企业发展过程中，中小企业是创新主体，但部分中小企业面临科技人才短缺、资金短缺等情况。为支持中小企业创新，需要解决中小企业融资难的问题，在资金补助上，在不影响大型企业创新的前提下，研发资金及财政补贴尽可能地倾斜中小企业。

（三）突破现有局限，推进试点改革

创新型科技人才评价政策呈现出复杂性、主体多、类型烦琐等特点，且各地区实际情况、水平存在差异，难以制定出"四海皆准"的科技人才评价体系。因此，为解决这一难题，选取具有代表性的院校作为试点进行改革，比如可以选取综合类院校、专业类院校等作为试点改革，选取特定学科作为试点学科，缩小科技人才评价范围，探索科技人才评价体系，最后形成适合某类院校、某类专业等的创新型科技人才评价体系，为同类型的院校、专业等提供借鉴经验。因此，本书以2021年6月南京大学发布的《南京大学人文社会科学成果分类评价实施方案（试行）》（以下简称《方案》）为例，《方案》以尊重科研规律为基础，完善科研成果分类评价，为其他学校人文社科类人才评价提供借鉴经验，《方案》明确指出评审不局限于论文、著作等传统科研成果，还包括文献整理、学术翻译、艺术创作等科研成果，并且强调其在绩效评价过程中具有相同地位。《方案》实施后，多类型人文社科的科技人才研究成果不断涌现。例如，文科教师的体育教学研究成果、小语种分类成果等出现在人才职称评审、博导资格申请中，而且得到学术委员会、同行专家评审的认可。这种评价方式充分考虑人文社会科学类科技人才成果分类评价的多样性、差异性，能够激发科技人才的活力，值得其他院校借鉴经验。

（四）构建智慧平台，助力人才服务

创新型科技型人才是可视化资源，数据就是隐藏化资源。封闭、分割在领域、机构等中的数据是无法形成资源价值的，因此，需要构建人才服务平台，收录各公司人才档案、各类型人才基础信息等，并统计此数据，实现人才数据整合共享。共享数据库能够顺畅服务于政府部门，有效解决信息传递缓慢、行政闭塞等问题。

在大数据平台项目背景下,智慧平台依托政府服务内网构建,并针对地区实际情况构建创新型科技人才综合服务平台,实现社保办理、行政审批等相关服务数据自动化采集,分期构建数据可视化创新型科技人才综合服务平台。其中,一期为上线区,此区为引进创新型科技人才政策,汇总相关政策及服务办理指南,通过一键检索等方式快速解锁信息,从而打造网络版地区人才服务大厅;二期为地形图、流程图等图表区,采用图表形式展示企业创新型科技人才等级、数量等信息,并汇总各企业的基本信息、经营情况、税收等数据,建立创新型科技人才成长档案,还定期录入创新型科技人才各类数据,及时掌握人才发展动态;三期是在二期建设成熟的基础上,针对区域内创新型科技人才的发展阶段及人才需求情况,搭建平台资源对接窗口,实现资源联动,加强企业之间合作;四期是数据统计模块,主要整理特定时间内的特定人才相关数据,以人才发展角度整理各企业的人才数据,及时更新企业数据,从而形成强大的数据库。

智慧平台作为整合人才数据的服务平台和数据库,首先,应当统筹各类信息,包括人才科技部、人社厅等相关部门的网站信息,并归纳这些信息。其次,洞察企业状态,建立公司档案,通过信息互通、精准服务等功能,实时显示人才基本情况,同时联通人才评价阶段及人才退出阶段。最后,整合全部资源,融合地区内全部资源,通过可视化操作数据,展现地区创新型科技人才的发展状况。

(五)完善人才评价监督机制

科技人才评价监督机制能够直接影响人才评价效果,因此必须在完善科技人才评审规则、评审程序的基础上完善科技人才评价评审纪律机制。以下为具体方法的阐述。

首先,预先考察评审专家风评。若评审专家过去存在不合理、不恰当的评审做法,或在学术同行中风评较差,应当谨慎选择此专家参加评审。

其次,完善反馈机制及申诉渠道。确保评审人与被评审人身份"双盲",但在科技人才评价活动中,依据标准应当给予公开并接受监督。所以,确定人才评价反馈机制及申诉渠道，便于被评审人对评审结果不满而提出的再次核查。例如，部分高校对学术委员会做出的决定给予公示并设置异议期，经委员会同意后开展复议。此外，针对外部评审专家反馈的申诉意见，建立评价再评价制度；对原评审专家评审有异议而提出的复审，应当送到第三人评审专家对评价结果进行复审，避免原评价出现错误或不合理导致严重后果。

最后，建立责任追究机制。约束被评价者的行为，并建立违规舞弊行为的惩罚机制。评审专家有义务对评审结果做出解释，并且对评审专家不负责任、出现明显错误、包庇等行为追究责任，淘汰态度不端正、不认真负责的评审专家。例如，武汉理工大学学术委员会明确规定，申报人若存在行贿、舞弊等违规行为，查实后取消其参评资格；评审委员存在为申报人拉票、接受贿赂、利用职权徇私舞弊或打压等违规行为，或推荐不符合条件的申报人员、不严格执行规章制度、擅自改变评审规则等行为，取消其评审资格；情节严重者，给予党纪政纪处分。

（六）以人为本，公正公开

1. 公开透明

公开透明是制定科技人才激励政策的一项基本原则，以保证社会大众参与科技人才激励政策评估的基本权利等。一是提高政策透明度，制定政策时广泛听取社会意见。二是在项目申报及评审过程中公开透明，对资金等及时公示。三是疏通民意反馈渠道，听取社会意见，及时反馈以便调整人才评估内容。

2. 以人为本

创新型科技人才评价的政策核心就是对创新型科技人才进行激励。个别地区的管理者未能充分认知科技人才，对科技人才的重视浮于表面。这样就导致在制定政策或者优化科技人才政策过程中，人才任务过于拘泥于项目成果经济提高上，创新型科技人才反而成为附属品。引进一些科技人才后，未能跟进后续人才服务，仅将人才引入数量作为业绩任务，没有切身考虑科技人才的成长环境及事业等问题。优化科技人才评价政策，应该把人当作根本，树立人才优先发展的意识。尊重创新型科技人才所需的人身主权，一心为创新型科技人才服务，最大限度地满足创新型科技人才利益和需求，帮助科技人才实现自己的理想和价值。

3. 扬长补短

存在有些地区的人才政策资源相对匮乏、有些地区政府思维不够开放、创新意识不够强烈等问题，这些问题对科技人才的激励改善有一定的影响。应该避免单纯依靠薪酬或者奖金等物质手段进行激励，积极探索精神奖励及情感奖励，充分激发科技人才的活力。解放思想，同时学习发达地区的经验，提高服务科技创新人才的水平。

4. 公平公正

创新型科技人才评价政策应遵循公平性、公正性的原则。首先，教育、医疗等领域的科技人才评价政策是社会关注度高、涉及范围广的评价政策。例如，安排高层次科技人才子女就学，高层次科技人才享受就医绿色通道等。在优化科技人才政策过程中，政府应根据社会发展需求及实际情况，扶持特定科技人才，但是存在公平性风险，可能引起其他科技人才的不满。其次，政府在制定科技人才评价政策时，应突出科技人才评价重点指标，使指标有所指向、有所侧重。如果评价科技人才单纯为了走形式，那就无法激发科技人才研究的积极性。最后，重点扶持创新型科技人才，有针对性地评价创新型科技人才，以此保持科技人才的整体平衡。此外，政府应针对各地区科技人才的特点，采取有所侧重、多样化的方式评价科技人才；及时宣传、解读创新型科技人才评价政策，确保申报流程、申报内容等保持透明性、公正性。以此争取社会群众的理解及支持，使科技人才评价政策得到重点支持，实现动态平衡状态。

（七）加大政策实施力度

除了确保制定的科技人才评价政策具备合理性、科学性、系统性外，科技人才评价政策有效、顺利实施也是非常关键的。因此，制定科技人才评价政策前，首先考虑的是政策的可持续操作性，并且需要制订可持续实施计划，这样制定的科技人才评价政策才具有实际意义。

首先，加大科技人才评价政策的宣传力度、推广力度，提高政策影响力。调查资料显示，许多科技人才对当地的科技人才评价政策及优惠政策缺乏了解。因此，各地区可以通过建设人才官网等途径，让广大人才及时了解相关优惠政策及人才评价政策等，扩大地区的创新型科技人才的吸引力。扩大不同渠道的推广力度，如通过地区知名网站颁发科技人才评价制度及人才引进计划，并详细介绍、推广政府对此项目的大力支持，提高人才评价效果。

其次，政府部门可以充分发挥其主导作用，但并不意味着所有的资源都是政府提供，而是让社会各界参与进来。通过科技人才评价政策的吸引，实现现有资源最大化，明确不同参与者的职责与任务。也就是说，政府及相关部门应充分发挥政策前调查、政策实施监管与指导的双重作用，确保人才评价政策取得较好的成效，而对企业、科研中心等相关人才评价政策的落实是输送科技人才的重要来源。因此，应有针对性地加大创新型科技人才的综合能力培养及综合素质培养，政策实施过程中，有针对性地加大投入，防止投入冗余。

最后，完善创新型科技人才管理制度，通过不同途径吸引更多的优秀科技人才，加大管理力度，为企业提供多样化服务，提高综合服务管理水平，为科技人才在人事办理、档案管理、户口变迁等事务上提供便捷、高效的服务。

（八）完善绩效评价指标

绩效评价指标是明确人才引进、预期目标的一项重要内容。绩效评价指标的完善可以从以下几个方面实现。

1. 找准人才引进绩效评价的坐标系

人才引进绩效评价重点在于人才引进后为地方解决的实际问题数量，为地方经济发展做出的贡献，由此可知，评价人才绩效时，必须不断与当地经济发展相结合，实时调整评价指标。以常州市钟楼区为例，钟楼区确定了新的绩效评价指标，重点围绕"产城融合示范区、常州现代服务业发展高地、和谐幸福现代化城区"定位实现和谐发展，注重"6+1板块"策略实施，实现"一街一区一园"建设方案。此外，常州科技街的发展被常州市政府重点关注，依照市"十三五"规划不断发展；推动开发区向西发展，是市委、市政府赋予钟楼区的一项严肃而深远的重大任务。能否成功实现发展目标，完成社会交予的任务，重点在人才。所以，人才引进的绩效，一定要放在这个大背景中考量，各项指标的设定也一定要以此为依据，为此，要改进目前的人才引进绩效评价方法。首先要对标全区的发展目标，围绕各个领域中心进行工作，明确各个领域为新钟楼区建设开展工作，再与人才所处的领域或所从事的研究工作相比较，方能看出该人才在地区发展中是否起到了应有的作用，从而达成人才与发展的高度统一。

2. 完善人才绩效评价的标准

人才绩效标准的建设与多方面因素有关。首先，绩效评价与人才发展目标息息相关，因此要确立科学、合理的工作目标，如按照人才特性设置不同阶段的人才企业发展规划，分类设立人才发展目标。其次，人才引进要有较好的成效，不仅要在销售、税收等经济指标方面有所表现，还要在民生等领域具有较好研究成果，应对各种因素和效果进行全面的考量和评价。例如，这个项目在所属领域形成比较有影响力的科研成果，稳定地提供大量就业岗位，提升当地政府的形象和知名度等。最后，引进人才的过程中，要对其所带来的影响进行全面分析。例如，人才自身的品行，在落户之后因为个人的违法行为，给当地的创业环境和形象带来不利影响，或者其生产活动给当地的生态环境带来破坏等。

第九节
面向产业创新需求的创新科技人才评价体系应用实践案例

一、科技人才评价体系改革——上海经验

开展科技人才评价体系改革，是中央政府交给上海的一项任务，也是科技体制机制改革中的重点内容。上海市委、市政府高度重视人才改革工作，已将该项工作纳入2023年重点工作任务和上海建设高水平人才高地实施意见。目前，上海市科技人才评价改革方案已报中华人民共和国科学技术部审批，待其批复同意后，将全面启动评价改革工作，以期在改革过程中边试点、边总结、边提升，探索形成能够有效激发科技人才活力的评价体系。

科技人才评价体系的改革落实与"整体政策"和"用人单位"两个方面的内容有关。在整体政策层面，围绕科技人才评价的各环节，发挥多方改革优势，推动科技人才评价改革与上海市人才发展体制机制综合改革、高水平人才高地建设、科技体制改革三年攻坚行动、深化职称制度改革等政策相协调。根据科研活动类型，分类推进人才评价改革进程，着重解决评价标准、评价方式"一刀切"问题，对从事承担重大科技攻关、基础研究、应用研究和技术开发、社会公益研究等不同科研任务的科技人才，设置不同的评价方式、周期及渠道。

（一）人才评价总体要求

1. 指导思想

上海市将习近平新时代中国特色社会主义思想作为指导思想，深入贯彻

落实习近平总书记上海重要讲话精神，全面贯彻党的十九大和十九届二中、十九届三中全会精神，加快国际经济、金融、贸易、航运、科技创新"五个中心"建设，遵循具有世界影响力的社会主义现代化国际大都市要求，牢固树立人才引领发展的战略地位，尊重用人单位评价自主权，以科学分类为基础，以激发人才创新创业活力为目的，加快形成导向明确、精准科学、规范有序、竞争择优的科学化、社会化、市场化人才评价机制，努力形成人人渴望成才、人人努力成才、人人皆可成才、人人尽展其才的良好局面，保障优秀人才的发展，为当好新时代创新发展先行者提供坚强的人才保障。

2. 分类健全人才评价标准

实行分类评价制度，健全人才分类评价标准。评价人才时，应注重品德诚信的评价，健全诚信守诺、失信行为记录和惩戒制度，并与国际标准对接，形成符合国际规则、体现上海特色的人才评价标准体系。在评价标准设置上，应凭能力、实绩、贡献评价人才，打破唯学历、唯资历、唯论文等"四唯"思想。

3. 改进和创新人才评价方式

上海市积极创新多元评价方式，坚持用人主体评价为主，引入市场评价和社会评价，并科学设置人才评价周期，遵循不同类型人才成长规律，克服考核过于频繁的倾向。还要疏通人才评价渠道，进一步打破户籍、地域、所有制、身份等限制，完善评价"绿色通道"制度。创新人才评价手段，采用考试、评审、考评结合、考核认定、个人述职、面试答辩、实践操作、业绩展示等方式，提高评价的精准性。促进人才评价和项目评审、机构评估有机衔接，统筹建立全市统一人才评价审批平台。

（二）加快重点领域人才评价改革

1. 改革科技人才评价制度

首先，围绕建设具有全球影响力的科技创新中心的战略目标，建立以科研诚信为基础，以创新能力、质量、贡献、绩效为导向的科技人才评价体系。着重评价基础科研人才提出和解决重大科学问题的原创能力、成果的科学价值、学术水平等。对从事应用研究和技术开发的人才，评价其技术创新与集成能力、取得的自主知识产权和技术突破、成果转化情况、对产业发展的实际贡献等；对主要从事技术转移服务的人才，着重评价技术评估对接、商务分析谈判、知识产权和技术实施管理能力以及技术转移绩效等能力；对主要从事科技战略研究的人才，着重评价研究应用价值、决策影响力、战略思维等能力；对主要从事社会公益研究和科技管理服务的人才，着重评价技术支持能力、服务对象满意度、行业评价认可度等能力；对主要从事实验技术的人才，着重评价技术创新能力和水平、支撑服务效果和水平等能力。

其次，实行代表性成果评价，突出评价研究成果质量、原创价值和对经济社会发展的实际贡献。改变原本人才评价系统带来的"四唯"问题倾向，建立并实施有利于科技人才研究、创新的评价制度。

最后，应注重个人评价与团队评价相结合。注重科技协同创新和跨学科、跨领域发展等特点，结合上海市人才高峰等重大人才工程的实施，进一步完善科技创新团队评价办法，注重实行以合作解决重大科技问题为标准的整体性评价。实施创新团队负责人评价时，要将把握研究发展方向、学术造诣水平、组织协调和团队建设等当作评价重点，尊重认可团队所有参与者的实际贡献，杜绝无实质贡献的虚假挂名问题。

2. 创新技术技能人才评价制度

针对打造"上海制造"品牌、加快迈向全球卓越制造基地的目标，上海建立了多个领域工程技术人才评价标准，重点评价技术人才所掌握的专业理论知识、通用技术能力等内容，并关注人才解决关键技术难题、技术创造发明、技术推广应用、工程项目设计、工艺流程标准开发等实际能力。探索推动工程师国际互认，提高工程教育质量和工程技术人才职业化、国际化水平的评价体系。

健全以职业能力为导向、以工作业绩为重点、注重职业道德和知识水平的技能人才评价体系，实现职业资格评价、职业技能等级认定、专项职业能力考核等多元化评价。评价技术技能型人才时，注重其实际操作能力和解决关键生产技术难题的能力；评价知识技能型人才时，注重其运用理论知识指导生产实践、创造性开展工作的能力;评价复合技能型人才时,注重其掌握多项技能、从事多工种、多岗位复杂工作的能力。通过多样化人才评价体系,引导、鼓励技能人才培育精益求精的工匠精神。

推进技术技能人才评价方式改革,推动企业、专业社会组织、人才培养机构、人才服务机构多元参与,淡化学历、资历条件,突出单位认可、市场价值在技术技能人才评价中的重要意义,深入开展职称评审及职业资格认定试点工作,加快推进职称评审及职业资格的社会化、市场化认定。

促进职称制度与职业资格制度有效衔接,在与职称和职业资格密切相关的专业技术领域,建立职称与职业资格之间的对应关系。打通高技能人才与工程技术人才职业发展通道,促使符合条件的高技能人才参加工程系列职称评审。

3. 健全企业经营管理人才评价体系

建立与产业发展需求、经济结构相适应的企业人才评价机制,突出创新创业实践能力,推动企业提升自主创新能力。聘用业绩贡献突出的优秀企业家、经营管理人才、高层次创新创业人才时,可放宽学历、资历、年限等申报条件。健全以市场评价和风险投资人评价为核心的创业人才评价体系,综合评价企业成长性、市场份额及市场价值,初步了解人才风险投资规模,创造新的就业岗位,实现诚信守法经营,同时在企业中积极推行经济增加值考核,根据不同岗位责任和履职特点,分层分类确定评价内容,综合评价人才能力素质、履职行为和履职结果,此外还可以在市场中建设与国际接轨的专业的职业经理人评价制度,推动职业经理人队伍市场化、专业化、国际化。

4. 完善面向基层一线和青年人才的评价机制

对长期在基层一线和艰苦远郊地区工作,且从事教育、医疗卫生、文化艺术、技术技能推广等岗位的基层人才,应适当放宽学历、论文等条件,加大爱岗敬业表现、工作业绩、工作年限等评价权重,探索单列计划、单设标准、单独分组、单独评审、定向使用的评价方式,拓展基层人才职业发展空间。健全以农业人才为主体的农村实用人才评价制度,完善教育培训、认定评价管理、政策扶持"三位一体"的制度体系。完善社会工作专业人才评价制度,加强社会工作者职业化管理与激励保障,提升社会治理和社会服务的现代化水平。

完善青年人才评价激励措施。破除论资排辈、重成绩不重潜力等陈旧观念,重点考察青年人才的品德修养、专业技术和发展潜力,重点挑选一批有较大发展潜力且有真才实学、堪当重任的优秀青年人才。加大各类科技、教育、人才工程项目对青年人才的支持力度,设立多种青年研究项目,促进优秀青年人才脱颖而出。探索建立青年人才举荐制度,将举荐人才的权力交予知名专家、企业家等行业代表手中,促使其积极举荐优秀青年人才。

二、科技人才评价体系改革——山东经验

山东作为工业大省,非常注重基础科技革新,近年来聚焦于实施新旧动能转换这一重点战略,并且不断实现技术突破。高科技企业的数量不断刷新历史纪录,高新技术产业产值在工业产值中的占比接近50%,高端智能产品产量得到大幅增长。高技能人才是改造传统动能、培育新动能过程中不可或缺的关键因素。为了更好地发挥高新科技具有的强大力量,促进山东经济的快速转型,实现高质量发展目标,山东要更深刻地了解新时代产业工人群体的动态特征,注重培养高技能人才。

(一)科技人才评价体系改革方案

1. 不唯"帽子",更看"里子"

"不唯'帽子',更看'里子'"指的是在山东科技人才评价体系改革方案中,不仅要评价科技人才所获得的荣誉和职称等表面的"帽子",更要关注科研创新、技术服务、产业转化等领域中所具有的实际能力和贡献,即"里子"。评价体系改革后,山东省科技人才评价体系将更加科学、公正、透明,更好地发现和选拔具有创新潜力的科技人才,推动山东省科技创新和经济发展。

山东省在项目评审方面进行了一系列改革举措,如明确科技人才的类别和评价标准等。根据不同领域和岗位设置不同的科技人才类别,制定在具体

第九节　面向产业创新需求的创新科技人才评价体系应用实践案例

科技成果、创新能力、技术服务、科研课题等方面的评价标准；重视实际工作表现和成果，建设并实施以能力为核心的评价体系。从科技实际需求出发，注重评估科技人才在具体领域和项目中取得的实际工作成果，而非单纯依据职称或资格等形式性因素进行评价；完善科技人才激励机制，注重对科技人才绩效和价值的认定，奖励科研创新、技术改造、技能培训和产业转化等领域的优秀人才，不断推动科技人才的创新和发展；严格制定评价程序和标准，保障评价结果的公正和科学。同时，还要对不同类型的人才进行分类评价和排名查询，确保评价效果的标准化，避免产生偏差。

除此之外，山东省还建立人才培育机制，鼓励人才互相交流和学习。山东省政府加强对创新型科技人才的培养和支持力度，建立科研项目、交流项目、联合培训项目等人才培养项目，增强人才的创新潜能。建立科技人才交流平台，促进各领域人才的流动和学习，提高人才的整体水平。

2. 人才评价要看"三大指标"

山东省针对人才评价实施了多项新政策和新指标，目的在于建立与实际成果和能力相关的人才评价体系，以此激发人才创新能力。现如今，山东人才评价体系中，实际成果是一个重要指标，人才评价不仅依靠传统指标进行评定，更加关注项目孵化状态、成果转化情况等指标。事实上，实际成果所占的比例比传统的资格证书更高。山东省正在进一步完善人才评价体系，致力于培养更多优秀人才，在山东科技人才评价体系改革方案中，人才评价要注重"三大指标"。具体内容如下所述。

第一，科研创新指标。该指标主要包括学术论文发表量、获得国家自然科学基金次数、发明专利数量、科技成果转化数量等方面的内容。山东省重点考核科技人才发表论文的数量和质量，包括核心期刊和SCI、EI等国际知名期刊，鼓励和支持人才发表高水平论文；评价人才的专利申请情况并给予一定奖励，包括发明专利、外观设计专利等，促使人才积极进行技术创新；考核人才的科技成果转化情况，可以明确人才创新实践能力，并以此为基础鼓励人才积极进行科技研发，推动科技成果转化应用。另外，科研创新指标的制定还需要依照实际情况，要根据不同领域和不同人才考核要求的差异性确定具体实施方案，让评价更加公正客观，以激励广大科技人才发挥潜能和创新能力。

第二，技术服务指标。该指标主要衡量科技人才在技术咨询、技术顾问、技术培训等方面的能力，包括提供技术服务的数量、服务影响范围、参与的技术服务项目数量等。考核人才在技术服务领域的业绩表现，鼓励人才与企业合作开展技术服务项目，以签订的技术服务合同数量作为评价标准；评价人才的技术服务收入情况，包括实际完成的服务收入和预期服务收入，鼓励人才积极开展技术服务工作，实现预期发展目标；着重考核人才在技术服务工作中的质量，包括服务内容、服务效果、服务态度等方面的评估，引导人才提升服务质量。此外，山东省还制定技术服务指标评价标准，对人才实行分类评价和动态管理，为不同领域和人才设置不同的服务要求和评价标准，确保技术服务评价更加科学有效；还要加强技术服务机构管理和技术服务队伍建设，发挥技术服务促进科技创新和产业转型升级作用。

第三，产业贡献指标。该指标主要考核科技人才在企业技术创新和发展等方面的贡献，包括参与企业技术研发项目、关键技术攻关、技术分享及培训等方面的内容。评价人才在产业创新方面的表现，包括在新产品、新业务、新模式、新技术等方面的创新能力和贡献；评价人才在推动产业转型升级方面的表现和贡献，包括为产业升级提供技术支持、培育新兴产业等；评价人才在招商引资方面的表现和贡献，包括为企业引进重点项目、提供新兴技术支持等方面的贡献。山东省还制定不同的产业贡献指标评价体系，实行分类评价和动态管理，设置不同产业领域和不同人才类型的产业贡献指标，以更好地衡量产业贡献。此外，山东企业还将鼓励人才参与有关会议和活动，为地方政府和相关企业提供咨询和指导，推动就业企业转型升级和科技创新。

（二）全方位构建新时代下高技能人才培育体系

1. 根据中央政府的安排，在未设立正高级职称的职业系列中设立正高级职称

山东省根据中央政府的安排，在未设立正高级职称的职业系列中设立正

第九节　面向产业创新需求的创新科技人才评价体系应用实践案例

高级职称,逐步完善正高级职称评审条件,推动职称制度改革向高级职称转变。在推进未设立正高级职称的职业系列设立正高级职称方面,山东省就业和社会保障厅已经制定科学合理的职称评审标准,以此提升职称评审的科学性和公正性。因此,山东省制定职称评审标准时在科研成果和技术创新能力、学术影响力、应用服务和社会贡献等方面进行量化评价,鼓励科研人员在研究过程中取得突破性进展和重要成果,并将评审结果透明化,避免评审中出现腐败现象。此外,山东省还优化职称评审流程,推动信息化和自动化评审工作的开展,提升评审效率,使评审更加公正、公平。最终,山东省利用这些措施逐步实现在未设立正高级职称的职业系列中设立正高级职称的目标。

2. 减少或取消基层一线工作专业技术人员的论文和科研成果要求

近年来,山东省在完善职称评价标准方面取得较好的成果,将德才兼备和以德为先作为评价标准。为了提升人才诚信水平,山东省建立诚信奖励和失信惩罚机制,对那些存在违法违纪、学术造假等品德不端行为的人实行"一票否决制"。山东省还坚持分类评价和科学考察,对专业技术人才能力素质进行科学分类评价,注重提升考察专业性、技术性、实践性和创造性,突出对人才创新能力的评价。山东省不再将职称外语和计算机应用能力作为职称申报评审的必备条件,而是根据学历、专业等内容设置不同评审条件。对于参加工作后取得的非全日制学历的人才,山东省不再设置年限要求。此外,山东省还合理设置职称评审中的论文和科研成果条件,不再将论文数量作为限制应用型人才职称评审中的关键条件。

为了更加科学地评价专业技术人才,山东省还针对基层一线工作科技人员设计相应的评价指标,淡化或避免将论文和科研成果作为主要评价标准,对于实践性、操作性强,研究属性不明显的系列,尽量避免以论文和科研成果作为评价标准。山东省还探索出一些其他替代性要求,如以专利成果、项目报告、工作总结、工程方案、设计文件、教案和病历等成果形式来替代论文要求。此外,山东省还实施了代表作制度,重点考察科研成果、论文和创作作品的质量,淡化了数量要求。

3. 将职称评审中科研成果所带来的经济效益、社会效益纳入重要考量因素

在高校中，一些专业技术人才经常面临的难题是，其科研成果实用性很强，带来的经济和社会效益也很可观，但未必能在职称评审中获得优势。为了更好地考核专业技术人才工作绩效和创新成果，需要提高科技创新、专利发明、成果转化、技术推广、标准制定、决策咨询和公共服务等评价指标的权重，并将实验成果取得的经济、社会效益作为职称评审重要内容。

将科研成果的经济、社会效益纳入职称评审的考量因素，可以推动科技人员更加关注科研成果的实际应用和社会价值，同时鼓励科技人才积极参与创新创业，为经济社会发展做出更大的贡献。此外，评价科技人员的职称水平时，仅考虑科研成果的数量和质量是不全面的。因此，将科研成果所带来的经济效益、社会效益纳入评审的考量因素，可以更加全面地考量科技人员在科研领域的实际成果，并了解研究成果在社会和经济发展中发挥的作用和做出的贡献。评审标准的制定和实施需要慎重考虑，不仅要确保客观、公正地评价科研成果的经济效益、社会效益，还要避免评审标准的过分功利化和狭隘化。

对基础研究人才的评价主要以同行评价为主，注重研究成果的质量和社会影响力；对应用研究和技术开发人才的评价要突出市场和社会要求，注重创新能力、创新成果、专利的创造和应用；对科技成果转化人才的评价则强调效益评价，注重经济效益、社会效益和生态效益；对医疗卫生人才的评价，需要合理确定不同机构、专业和岗位的评价重点，建立涵盖临床实践、科研带教、公共卫生服务等要素的职称评价体系；对于工程技术人才，评价重点应该放在提高工程质量、推动技术创新、解决技术难题和制定行业标准等方面，建立符合生产实践的工程技术人才职称评价体系；对农业技术人才，评价重点应该放在服务"三农"、促进农业增效、农民增收、农村绿化等方面；而对于财经人才，评价重点应该放在服务经济社会发展、行业引领作用、创造价值能力和创造经济效益实绩等方面；对于长期在基层一线工作的专业技术人才，评价侧重考察其实际工作业绩，对那些贡献突出、业绩显著的人，

可以适当放宽学历要求。

4. 支持事业单位以岗位管理为基础，尝试自主设计和实施评审机制

自主设计和实施评审机制是一项有利于推进事业单位管理规范化、科学化的重要政策，也是推进人才培养和发展的关键举措。事业单位在设计和实施自主评审机制时，应该充分考虑人才队伍的特点，以岗位管理为基础，制定符合本单位和本领域特点的评审标准和程序，使评价更科学、更公正、更准确。应该注重实际业绩和贡献，注重对人才专业技能和能力素养的评价，鼓励员工在自主评审机制下展示自己的才华和能力。但是，这种模式需要各个事业单位共同实现，在设计和实施评审机制时，要遵循合理、公正、透明的原则，建立完善的考核领导干部的制度，防止权力滥用问题的出现。积极弘扬价值导向，尊重人才的创造性和个性，推进人才全面发展，建立合理的激励机制，保持事业单位具备充足的竞争力和凝聚力。还需要通过优化激励机制，提高人才待遇和福利，吸引更多的优秀人才加入事业单位队伍，帮助人才不断成长发展。总而言之，自主设计和实施评审机制是事业单位人才管理领域必须实现的内容，需要与时俱进，推陈出新，不断优化完善，在实践中不断取得进步和提高。

三、科技人才评价体系改革——深圳经验

深圳经济特区成立40多年以来，人才战略一直是最重要的一项发展策略。深圳市政府不仅重视对科技人才的引进、培养及激励，还出台很多相应的政策为高层次的科技人才服务。人才的引进和培养是一个相对庞大的系统，政府应结合各种工具，以此形成完善的人才评价体系。

在国家政策的指导下，深圳成为人才改革的试点地区之一，也是6个试点中唯一一个华南地区试点城市。深圳被誉为"创新之都"，在人才评价方面，深圳已经形成"重构市场导向的人才分类评价激励体系"，因此深圳的科技人才评价体系具有一定的代表性。深圳颁布了《深圳经济特区创新举措和经验做法清单》，选择改革试点时，深圳在科研市场及应用型人才等方面都具

备代表性，评价体系应用导向及市场化程度最高的是深圳，所以深圳在科技人才评价方面有较好的探索和示范。

深圳在科技人才评价工作方面提出"四个面向"，这"四个面向"使科技人才评价更加全面，有更好的发展潜力，面临困难时具有突出应用表现。深圳实施科技人才评价制度改革能够激发创新活力，实现给予科技人才良好发展机遇的目标。科技人才评价改革是一个非常复杂的系统工程，因为科技人才评价体系建设需要丰富的专业知识，改革难度系数较大。2003年，深圳市制定科技人才评价政策，并按照政策要求实施相应措施、开展清理专项活动等，但是存在政策落实不到位及科技人才"获得感"没有得到满足的情况。深圳在人才评价方面有一定经验，因此深圳市科技人才评价体系主要从任务分解、指标细化、体系衔接及数字应用四个方面进行完善。

深圳市出台了人才评价机制深化改革实施方案，不断完善科技评价机制。深圳出台这一措施打造了科技人才评价"破四唯""立新标"的创新模板，有利于引导科技人才积极研究、探索以及创新，推动建设全球影响力的科技及产业创业创新基地。科技人才评价的基础以及关键就是成果，因此，在人才评价体系中要坚持"谁委托谁就来评价""谁使用谁就来评价"策略，对科技项目及科技人才、科技机构及科技成果评价体系进行改革，这样可以更好地激发科技人才的主动性、积极性及创造性，推进产业链、创新链、人才链及教育链等内容的深入融合，实现共同发展。深圳坚持科学评价、分类评价及从多个维度评价的评价模式，这样得出的评价结果才是真正意义上的公平公正。深圳市逐渐形成一个以质量、绩效、贡献为导向的分类评价体系，同时推动更多高质量科研成果不断出现。

深圳科技人才评价机制开始注重品德、业绩等内容，改变以往仅注重能力的评价方式。以科技人才的职业属性及岗位要求设定具有差异性的评价体系，不将学历、论文、资质等作为科技人才评价的唯一标准，而是将科技人才的专业能力、创新能力、绩效及创新成果等一并作为科技人才评价指标，针对所评价的对象有所侧重地减少或者增加某些指标的权重比例，同时还注重市场评价、同行评价及社会评价。科技人才的评价依据较多，深圳将人才

第九节　面向产业创新需求的创新科技人才评价体系应用实践案例

创造的市场价值、获得的创业投资及取得的代表性成果等内容都作为科技人才评价的重要依据。深圳对科技人才的评价及丰富科技人才的评价指标等方式有效避免了"一刀切"问题，这样才可以对科技人才进行全面、客观地评价，并且鼓励科技人才致力于科学的研究，探索行业领域的创新发展。

分层、分类评价是科技人才评价的关键，需要在多个层面对人才评价进行改革。例如：在机制层面，现有人才评价对部门的协同及机构评价内容有所侧重，尤其是政府支持落实的项目带头负责制度；在重点示范层面，由于深圳在基础研究方面相对较差，基础研究周期较长、不确定性较大、人才发展环境较差是深圳地区基础研究存在的问题。深圳可以建立"基础研究特区"，在学校、企业等地选取试点，实行低频长周期评价体系；在行业发展方面，深圳根据环节分类体系，对不同的人才、不同类型的活动施行不同的人才评价，进一步细化科技人才评价指标体系。

人才评价体系的建设要注重原创审核、作者验证工作，以此协助科技人才评价工作。科技人才评价与科技人才资本交易相衔接，有助于科技人才评价要素市场化，以此可以让科技人才的价值获得更大的释放，同时可以帮助衔接科技人才评价之前、科技人才评价时及科技人才评价后三个阶段。人才改革应该在深化数据化程度的基础上，利用信息数字化系统，全面对科技人才信息及数据进行收集，减少科技人才项目申报重复工作及纸质化烦琐填报工作。利用大数据信息对科技人才进行较为准确的识别，供推荐及评定过程参考。

《关于开展科技人才评价改革试点的工作方案》提出，科技人才评价改革突破口在于"破四唯""立新标"，创新型科技人才的评价机制应能做到可复制、可落实，有效激发创新型科技人才的创新活力。从《关于开展科技人才评价改革试点的工作方案》中的国家科技任务来看，对创新型科技人才的评价标准应该在于用好、用活人才，因此创新型科技人才评价着力点是评什么、谁来评、怎么评、怎么运用创新型科技人才。此外，还要按照创新型科技人才的活动类型对创新型科技人才的评价体系进行构建，以创新型科技人才创新价值、能力及贡献等作为科技人才的评价指标。

深圳等试点的任务是进行基础研究类、应用研究类、技术开发类及社会公益类的人才评价，实现地方科技人才评价的改革。应该组织并且指导深圳地区优势科研单位、创新型研发机构进行科技人才分类评价改革，对创新型科技人才的发现、培养、使用及激励机制大胆创新，发挥政策集成效应。深圳推进建设科技人才、项目、基地及资金等组成的一体化配置，对科技人才进行有效激发，为其他地区提供人才评价的有效经验。

深圳积极研究制定人才评价试点实施方案，坚持激励与约束共同施行，改革现有人才评价各项规章制度，完善岗位的聘用、职称的评审及考核等相关的科技人才制度。在合理激励的同时，还可以加强对科研的诚信及监督，严格管理学术不端及科研违法乱纪的行为。深圳所得到的改革成果有利于事业发展及能力提升，对科技环境改善也有所影响。

近几年，深圳全面实施科技人才评价体制改革，评价科技人才的重点在于从市场化、专业化及多元化维度开展，加快企业及院校等的科技人才评价体系的制定，这为技能人才评价提供了支持，还使创新科技人才获得更多满足感。

四、科技人才评价体系改革——湖北经验

为落实科技创新的最新要求，聚焦科技计划管理改革方面主要问题，湖北省政府出台《湖北省科技计划管理改革实施方案》，构建湖北地区特色"全区域、全链条、全主体、全要素"科技人才评价目标，以"人才为核心、平台为基础、项目为纽带、资金为引导"实现多元化资源配置。

（一）科技人才的政策

湖北省政府印发的《关于加强和改进新时代人才工作的实施意见》，提出2025年、2030年、2035年三个阶段人才工作目标。2022年年初，省委人才工作领导小组印发了《湖北省人才发展"十四五"规划》，紧扣经济社会发展特征，对未来科技人才工作做出全面部署。湖北省委组织部起草了《关于

第九节　面向产业创新需求的创新科技人才评价体系应用实践案例

支持战略科技后备力量的若干措施》《湖北省高层次人才专项事业编制管理办法》《关于强化科技平台支撑壮大科技创新主力军的若干措施》《关于深化人才流动评价激励机制改革激发人才创新活力的若干措施》等政策文件，以此协助科技人才不断发展。

1.《关于加强和改进新时代人才工作的实施意见》的内容

为了促进"1+2+NI"的人才创新平台的设置，加快形成对人才事业发展重要节点，湖北省需要对人才发展体制，如在人才管理、评价、流动、科技成果转化等方面提出一系列的改革。快速、高质量培养科技主力军，打造优异的科技主力军队伍，其中包括打造战略科学家、科技领军人物等。高层次人才要不断参与国际学术交流，为湖北省发展提供更多的资源，同时加强党对人才工作的全面领导，提升人才服务效能，促进高校人才培养。

2. 完善人才评价体系

常规人才推荐方式有"注册制""举荐制"，还有人才动态评价的"积分制"等，因此，湖北省应该不断完善人才评价体系，建设吸引人才的网络发展平台。人才评价要坚持党管人才的原则，确立人才引领战略地位，实施人才强省和科技强省战略，推进引才、育才、留才、用才一体化工作。湖北在2021年对两类科技人才实行"注册积分制度"，以光谷为例，光谷的各类人才项目不受学历、年龄、职称等限制，只需要在中国光谷人才注册服务平台上注册和填写信息，系统就会自动进行评分认定，到达一定分数后，不需要专家的审核即可认定，这种评定方式彻底打破了"唯论文、唯职称、唯学历、唯奖项"的四唯现象。此外，不同地区的人才评价制度实施模式不同，东湖高新区实行的"注册积分制"，重点针对不同层次、不同类别的人才，通过数据对比模式建立针对性测评模型，识别、评价、选拔人才。负责建立模型的中国科学院武汉文献情报中心钟永恒介绍，评测模型可以针对不同类型的人才，采取不同赋分方式。对于创新类人才，主要偏重于专利、成果转化等内容；对于创业类的人才，主要侧重于企业融资和规模等。

人才可以随时申请随时评价。人才评价主要由五个维度进行，分别是规模、成长、贡献、诚信、创新，设置评价的指标和赋分权重，同时赋予优秀的企业人才举荐权。除举荐制外，还有揭榜制，光谷向用人主体充分授权。无论是体质机智的层面还是评价方式和效率，都有突破。科学的人才评价体系既不是政府说了算，也不是专家说了算，而是有一套适合市场的制度。

（二）人才评价机制的改革

湖北省委组织部印发《关于分类推进人才评价机制改革的实施方案》，全面推动湖北省人才分类评价机制。评定标准不仅包括学历、资质、论文等内容，还与计算机和英语这两项科目内容有关。

1. 人才分类评价标准的完善

克服唯学历、唯资质、唯论文等"四唯"倾向，坚持凭实力、业绩、贡献等来对人才进行评价，注重人才协调性、创新性、创新成果等，注重人才的德才兼备。人才评价的首要任务就是品德，加强对人才科技精神、职业道德等方面内容的考核，提倡诚实守信，严惩学术不端正、弄虚作假的行为。坚持科学分类，根据不同岗位需求建立品德、知识、能力、贡献等不同评价标准，科学、合理地评价科技人才。

2. 创新科技人才评价方式的改进

建立以同行评价为基础的行内评价，注重引入市场评价和社会评价。丰富评价手段，科学使用考试、评价、考核、个人述职等方式进行评价，提高评价的针对性和精准性。合理设置评价的考核周期，注重评价过程和结果，运用短期评价、长期评价相结合的模式克服评价考核的不良倾向。施行评价时，应打破户籍、地区、所有制、身份等限制，依托行业协会等部门，疏通社会组织及非公有制经济组织的人才申报评价通道，对稀缺的高层次人才及海外高层次人才建立绿色评定通道。

3. 人才评价管理服务制度的完善

进一步对具备条件的高校、企业、医院、科研院所等人才密集单位下放人才评价权力，避免人才评价过程中出现行政化、"官本位"的倾向。首先，对自主人才评价的单位，人才管理部门将不再审批。其次，完善市场化、社会化和管理服务内容，明确政府、市场及用人主体的人才评价体系，建立人才评价管理体制，具备清晰权责、科学管理及协调高效是人才评价体制的条件。在人才评价的过程中，建立申报、审核、公示、反馈、申诉、巡查、举报、回溯等人才评价制度，夯实评价过程中的专家数据库，明确评价专家的责任，强化人才评价文化建设，推动人才评价和项目评审相结合，形成良好的人才评价体系。

4. 重点领域人才评价改革的推进

建立以科研诚信为基础的人才评价制度，将创新能力、质量、贡献、绩效作为科技人才评价指标导向，坚持马克思主义指导的地位，确立为人民做学问和研究的立场，注重政治标准和学术标准相结合，建立中国特色哲学社会科学和文化艺术人才体系评价。评价教育人才的重点应放在坚持立德树人方面，教书育人是教育人才评价的核心内容，应对高校、职业教育、技校及中小学（含幼儿园）阶段教育人才进行分类评价；评价医疗卫生人才的重点在于评价医疗人才临床的实践能力，完善评价指标体系，确定不同的医疗种类及不同岗位的人才分类评价标准；应完善现有的创新型技术人才评价制度，注重职业能力发展，以工作业绩为主要评价标准，注重职业道德和知识水平；对企业、基层及青年人才的评价进行完善时，应以产业发展需要作为企业评价的机制，突出创新创业实践能力，健全市场认可的人才评价体系，建设突出经营业绩和综合素质的考核系统。

五、科技人才评价体系改革——四川经验

四川省先后印发《四川省技能人才评价机构职业技能等级认定工作指导手册》《四川省职业技能等级认定质量督导工作指导手册》《技能人才评价政策汇编》等，按照统一的流程、规范的实施、强化监督及打造品牌的原则，针对不同的职业确定不同的评价指标标准。为了深入推进技能人才的评价改革，四川在体系建设及质量发展等方面对人才评价制度进行综合管理，在四川全省的范围内实施"321+N"的政策体系。四川省政府先后发布《关于印发职业技能等级评价机构备案事项办理指南（试行）的通知》（川人社职鉴

〔2023〕3号）、《关于印发职业技能等级认定实施工作流程（试行）的通知》（川人社职鉴〔2023〕4号）及《关于进一步加强技能人才评价质量管理工作的通知》（川人社职鉴〔2023〕5号），以此建立信用的评价制度，及时对信息系统进行升级，推动人才评价体系建设完成。

（一）人才评价制度的改革

1. 人才计划的改革

四川省加快人才评价体系建设速度，建立科技人才评价特殊通道，深化人才评价改革，通过人才评价激发人才创新活力。针对高层次人才数量不足的情况，四川省政府出台了天府峨眉计划、天府青城计划，在科技人才评价评审时开辟"绿色通道"。天府峨眉计划改革重点是实现高层次人才"先引进后评价"的方式，提前对天府峨眉计划给予引才的配额，支持重大创新平台和国防科技工程重点单位引进高水平人才。天府青城计划主要是对本地区高层次人才进行支持，通过人才评价激励高水平人才不断发展。

2. 基层人才评价制度

对基层人才的评审应放宽年限要求，在基层工作的毕业生首次申报职称时可降低一年工作年限要求，在边远地区、民族地区或者贫困县工作超过4年并考核成绩优异的基层人才，申报中级、高级职称时年限要求可以放宽一年。教育、农业等方面的人才在评审时应建立"定向评价、定向使用"制度。天府青城计划及天府峨眉计划也都设有基层人才评价制度。

3. 人才评审权下放

有序下放职称的评审权，结合产业发展和人才队伍建设实现人才评审优化。将中级职称、高级职称评审权下放到市级单位，同时支持有条件的高等学校、科研机构按照管理权限开展对职称的评价工作，推动职称评审权下放。

4. 人才评价与科技项目促进衔接

项目委托人及项目承担者，首先要明确项目的目标及评价的标准，验收时市场意见可以作为人才评价依据。科技计划及科研项目可以向青年科技人才倾斜，减少资历及以前研究成果在青年科技人才评价中的占比，将研究方向、思路等内容作为科技人才评价的重点。

5. 优化科技人才的评价环境

重大的项目评审及人才评审中，建立随机及轮换的专家评价机制，优化专家的评审专业性，避免出现"熟人"评价。四川省出台了《科研失信记录实施细则》，建立多种参与科研诚信的会议制度，完善评审过后的复查、投诉等制度，建立完整的人才评价制度。

（二）建设科学化社会评价体系

1. 重实绩能力

在人才评价的格局上，建立重视"实际业绩、重科研成果、重能力"的一体化人才评价体系，设置科学实用、高效的评价标准，此外还要对人才进行分类，形成多种评价体系。评审时，设置不同的职业、不同的岗位、不同的人才评价标准，形成一个导向明确、规范有序的科学化人才评价机制整体。分层次、分专业评价人才，拓宽人才晋升路径，为人才评价提供畅通的"绿色通道"。

2. 完善人才评价的标准和方式

四川省政府印发了《关于分类人才评价机制改革的实施意见》，构建具有明确、科学合理标准的评价体系。评价人才时，品德、能力、业绩都是人才评价的主要导向。把品德作为人才评价最重要的内容，强化创新实践评价；克服唯学历、唯论文、唯资质、唯奖项的倾向，注重人才能力评价及实绩评价，注重标志性的成果质量及贡献影响。改革人才评价模式，加快对专业评价的建设。

3. 人才评价解决"一刀切"问题

首先，评价科学、教育、技术管理、医疗卫生等7类领域人才。其次，对基础研究、应用研究、技术开发、哲学社会科技人才等不同类型人才制定不同的评价标准。每一种类型的人才都具有独特的评价内容及评价方式，这种不同评价标准可以更好地体现出人才评价制度的特点。例如，以医疗卫生人才评价制度为例，对从事临床工作及科研工作等不同类型人才制定不同的评价标准，同时建设符合岗位需求的人才评价机制。

4. 高层次人才评价的机制

打破户籍、地区及身份的限制，在人才资源方面实现真正的资源共享。开辟新的人才引进、人才申报通道，对引进的高层次人才及稀缺人才，减少论文发表等评价限制，将业绩贡献和实际学术水平作为评价依据。四川省开辟了人才评价绿色通道，对新兴产业等行业人才实施特殊评价。四川省明确指出，对于省级重大人才计划和贫困地区人才应建设独立的评审通道，符合条件的人才给予重点资源倾斜。在青年人才的评价方面，建立优秀人才举荐制度，开辟潜力人才发展通道，提高四川省人才储备数量。

5. 分类、分层次评价

四川省的人才分为四大类，分别是基础研究人才、应用研究人才和技术开发人才、实验技术和科研保障人才、科技成果转化人才，而科学成果的原创性、创新程度、贡献程度、影响程度是评价这四类人才的主要标准。四川省政府提出了人才评价程序优化问题，建设人才评价多元化队伍。例如，采取远程的通信形式对人才进行评价，这样大大提高了评价人才的效率；对承担国家重点科研项目及纳入国家重点人才计划的优秀人才，可以在一定时间内免评。

不同类型人才进行人才评价时侧重点不同。评价技术技能型的人才时，需要从加工、制造等领域解决生产操作的难题；评价知识技能型的人才时，主要以高新技术产业及新兴的领域自主学习的知识内容为主；评价复合型人才时，主要评价指标在于生产加工及服务中掌握至少两个技能，具有能在多个岗位从事复杂工作的能力。

六、科技人才评价体系改革——南京经验

南京自 2018 年以来聚焦创新名城建设战略，在人才评价的道路上，逐渐实现向社会放权及对人才评价的改革。评价人才时，采取 3 种方式相合的模式，3 种方式分别是专家举荐、对用人主体的评价及对社会资本的评价。这些

第九节　面向产业创新需求的创新科技人才评价体系应用实践案例

方式可以让科技人才在工作中充分发挥自己的能力。

（一）人才评价体系的改革

1. 举荐评价制度的建立

评价人才时，形成专家举荐评价，形成"英雄不问出处"的精神，在对人才评价举荐时注意力应该放在产业转型升级方面。南京在2018年邀请多位名家大师担任举荐委员，举荐委员队伍有各个领域的人才，如"双一流"高校负责人、企业领军人物、金融投资人才、技术人才等，但是举荐人才时，"最懂人才的人"才能够获得举荐票。此外，南京市政府建立督查小组，由市委领导担任组长，在人才举荐的过程中发挥监督作用。进行人才举荐前，应制定相应规则制度，不询问人才的出处，对查验后确认的人才给予相应的待遇。2018年南京举行第一次举荐会议，29名缺乏资历、头衔的人才，具有值得肯定的能力，跨过了"隐形的门槛"。

2. 举荐评价制度——以汪浩为例

南京智能家居"好享家"的总裁汪浩虽然只有本科学历，但是2018年直接从基础人才拔擢为正高级的人才，当然汪浩也没有辜负大家的期望，汪浩的公司不断发展，入围了"独角兽"的榜单。2019年，南京市致力于扩大创新名城布局，与海外的名校、企业、协会等合作，举荐人才时开通"直通车"，南京市的人才改革体系成了"人才招募"的重要名片。

3. "企业主体"评价

创业载体具有创业人才评价的权利。对贡献过优秀项目的人才，申报时应该尽量减少"麻烦"，此外还要给予评审专家一定的评价权、举荐权。例如，百工造物文化企业的欧阳春晓在学历上是大专学历，2018年被市区两级破格入选人才计划。欧阳春晓没有辜负信任，获得多个国际和国家奖项，已经成为文化创意、众创空间领域的领军人物。企业引才的评价应该交给企业，形成"企业主体"评价体系，建立配套奖励制度。

4. 资本评价

在经济加速变革的时代，一批"草根英雄"出世。他们未必有光鲜的

"帽子和本本"，但是他们身上有独特的特质。2018年，南京开始打破"四唯"倾向，探索建设新型人才评价体系。在科技人才方面，注重企业投资强度及市场表现。17位人才靠着过硬的实力跨过"门槛"入选，获得了和研究院士相同的待遇。南京的人才评价风向标是凭实干、重实绩，通过设置创业大赛等活动提升人才素质，不再设置学历及职称条件。

（二）完善人才评价的机制

1. 完善人才举荐制度

人才是新时代的主要资源，拥有大量高水平人才有利于行业、企业的高质量发展。南京全力打造高层次的创新人才集聚示范区，积极进行人才评价方面的改革。南京人才评价体系建设转向实绩内容方向，实现以实际业绩评定人才，同时围绕"2+2+2+x"创新创业体系，实施中级职称自主评价方式，加快对人才队伍的建设。优化人才举荐制度，提高人才举荐数量及举荐次数，赋予国内龙头企业单独举荐权力。此外，企业等级技能评价试点单位包括龙头企业、本科院校及职业技能培训的机构等，在这些机构中可以实现企业等级技能评审的提升。

2. 完善人才流动调配机制

有针对性地改善长三角、南京都市圈专技人才、技能人才发展环境，实施资格认证、职业资格国际对比认定，此外在企业中设置技能专家、首席技师等职位，鼓励企业注重技能发展，促使技能人才发展，并以此破除人才流动壁垒，促进人才不断流动调配。

3. 完善人才评价的载体

南京主要在三个方面实现人才评价载体创设：一是创设国家级人才平台，实现南京品牌效应，不断吸引海内外人才来到南京发展，同时设置"人才特区"实验室区域，在人才引进、人才评价方面赋予企业、实验室更多的自主权；二是建设具有特殊性的人才协同平台，同时与高校合作，建设博士站、准博士站，打造具有专业性的企业工作室；三是设置优创人才项目孵化平台，升级南京市已有的孵化平台，深化人才街区建设，为南京人才提供较好的发

第九节　面向产业创新需求的创新科技人才评价体系应用实践案例

展环境,有利于吸引高水平人才来到南京创新创业,这种优化方式可以有效实现综合服务保障水平的提升。

2018年,南京市颁布了《南京市高层次人才举荐办法（试行）》,这一政策使南京市改善了人才评价方式,打破唯学历、唯资质的问题倾向。进行创新人才选拔时,应把举荐权利放到企业家及专家学者群体中,建立具备市场化、社会化特征的人才评价机制。人才举荐制度是市场的具体体现,也是南京市探索人才评价模式时的一项创新,可以有效补充现有人才选拔评价体系。在南京首次人才举荐活动中,骆敏舟举荐了南京融芯微电子有限公司的董事长朱伟东,2019年,骆敏舟再次举荐了三位人才,其中一位是南京鑫业诚机器人科技有限公司的总经理陈叶金。在公司成立后的三年时间,陈叶金带领团队获得销售额1.5亿元,但是陈叶金没有论文成果,按照原本的情况很难入选,由此可以看出举荐制度有利于人才得到更好的发展。

第十节

基于政策要求、产业发展导向的创新型科技人才评价发展趋势

一、细化分类：四类科技人才分开"评"

科技人才评价政策的颁布可以最大限度地激发科技人才创新创业的活力。科技人才的评价工作是一项非常复杂的工程，这些评价与科研人才的利益密切相关，因此科研人员十分重视评价工作。此外，科技人才评价工作的顺利开展离不开有关部门及地方的指导监督、服务保障，也离不开地区领导的主动担当和落实。

科技人才的评价必须科学化、严格化、规范化。根据科技人才的评价标准，科技人才大致分为四类，分别为承担国家重大攻关任务的人才、基础科学研究人才、应用研究和技术开发人才、社会公益研究人才。对科技人才的评价应该设置多元化评价标准，并且在已有的科技人才评价上进行创新，如采用远程通信手段提升效率；对承担过国家重点科研任务、纳入国家重点人才计划的优秀人才团队可以在一定期限内免评；为了合理吸纳国内外的专家、培养高素质科技人才，评价人员可以着重发展科技类社会组织、协会及专业的机构等第三方评价机构。这些措施对推动建设社会化市场人才评价机制有促进作用。

品德和能力是科技人才最重要的评价指标，因此，要积极克服科技人才评价中的"四唯"倾向，将品德作为人才评价的首要内容。评价科技人才时，应该积极引导其树立正确的政治立场，引导科技人才与党同心同德、同向同

第十节 基于政策要求、产业发展导向的创新型科技人才评价发展趋势

行。对学术不端及违法乱纪的行为实行一票否决。此外,科技人才的评价要素还包括研究能力和学术贡献、技术成果的转化程度、产业发展的贡献等。注重对原创能力、共性核心技术、集成技术等进行重点考察,推进科技事业发展管理的协调能力。应该坚持业绩贡献的导向,破除"四唯"评价倾向,注重考察人才对产业发展、应用研究、提供基础的科技支持等做出的实际贡献,以及成果取得的经济效益、社会效益,对提出决策咨询的履责绩效及业绩贡献、创新管理模式、项目的执行效率等。

科技人才的评价机制应该采取一个导向明确、科学、规范、择优且具有科学化、社会化、市场化的机制,尽最大的努力营造人尽其才、才尽其用的氛围,并建立具有吸引力、竞争力的科技人才评价体系,保护优秀的科技人才。

(一)承担国家重大攻关任务的人才评价

在对承担国家重大攻关任务的人才进行评价时,最重要的指标就是符合国家发展趋势。除此,指标还主要有是否支持国家安全及突破关键的核心技术、是否做出解决了经济社会发展的重大问题的实际贡献和创新价值等,评价承担国家重大攻关任务的人才的重点在于对国家重大科研任务完成的情况进行评价。

评价承担国家重大攻关任务的人才的方式就是完善科研任务,听取任务委托方及成果采用方的意见,并结合个人、团队的评价。应该在岗位的聘用及评审职称或者绩效考核方面等,对承担国家重大攻关任务、国家重大科技基础设施建设等做出过重要贡献的人才做出优秀评价。在国家资源支持方面,应给予一定程度的倾斜。

(二)基础科学研究人才评价

学术贡献及创新价值是基础科学研究人才评价的导向,应该破除"唯论文"倾向,建设低频长周期的考核机制。基础科学研究人才的评价指标应该从重大原创性贡献、国家战略需求、学科的特点、学术影响力和研究能力等

角度进行评价，还要以原创的成果和高质量的论文为代表对基础科学研究人才进行评价，鼓励科研人才把高质量的论文发表在国内科研期刊上。

按照特点及任务的性质，对评定周期进行科学规划，注重对低频长周期的考核机制进行探索。并且建立同行评价机制，在专家选用、管理及对信用记录等方面建立相关的制度予以规范；对同行的评价方式及程度、评价意见等行为也要建立相关的规范制度。对学术团队、协会、机构等的第三方评价及国际同行评价进行探索。

对重大科学发现、取得原创性突破的基础研究人才给予一定的倾斜支持，完善基础科学研究人才的评价对岗位的聘用、职称的评审及绩效的考核等方面的相关制度。资源向承担"从零到一"基础性研究任务的科研人才倾斜，注重具备众多科研人员的单位建设，探索研究的设置和优化。

对基础科学研究人才的评价主要以同行学术评价为重点，突出科学精神、能力及业绩，不把论文数量作为定位评价基础科学研究人才的标准。促使科技人才进行基础性研究，最主要的目标导向就是坚持，对核心的科学问题、国家经济问题和社会发展问题进行破解，同时加强对平台的建设，为构建中国特色的科研平台及对科技人才的评价体系打基础。还要厚植科技人才的培养、对基础研究人才的评价体系进行完善、支持，加大各类人才计划培养力度，支持基础研究人才发展，培养一批战略科学家、科技的领军人物及高水平的团队，同时加强国际之间的合作，建设立体化合作方阵。

加强对基础科学研究的实施，对激励政策进一步完善。对从事基础研究的人才实行成果评价策略，对自由探索类基础研究项目不作过程检查，对科技人才进行鼓励探索、鼓励创新。

原始创新是基础研究评价机制最重要的评价指标，基础科学研究人才主要还是以同行评价为主，同样也要注重个人评价及团队评价。建立正确、公平的评审机制及特殊的"小同行评议"制度，对承担重大任务的人才进行定向委托，主要就是评价研究中重大科学问题的提出及解决。原创能力、成果所产生的科学价值及学术水平和影响都是在对基础科学研究人才的评价时需要了解的，如果研究团队符合条件，应该实施一个长周期、持续滚动的检查

第十节 基于政策要求、产业发展导向的创新型科技人才评价发展趋势

模式。对已经立项的研究，评估优秀的五年之内免除检查；对自由探索类的基础研究项目，应该实施三年以下的目标导向基础类的研究不作为过程检查，每个地区对基础科学研究人才都有不同的奖励制度。对捐赠支出按照法律进行税前扣除，引导、带动社会各个方面加大对基础研究的投入，并鼓励企业或行业与省自然科学基金联合建立人才基金，对于投入五千万元以上的企业授予基金冠名权。

（三）应用研究和技术开发人才评价

应用研究和技术开发类的人才的评价导向就是技术的突破及其对产业的贡献。一般来说，评价体系会将技术标准、技术解决方案、高质量专业等作为代表成果进行评价。建立团队与产学研合作渠道，实现技术创新、集成并发挥成果价值、应用效果及其对社会发展的贡献，将其作为评价应用研究和技术开发人才的指标。因为专家对技术水平、市场评价与产业价值相吻合，所以对应用研究和技术开发人才的评价应该让市场、用户及第三方参与其中。

评价应用研究和技术开发类人才时，不应该按照发表了多少篇论文及取得多少专利、申请国家项目的经费作为主要的评价标准，而是将技术突破和产业贡献作为评价指标。应用研究和技术开发人才应该注重市场评价，提高对专利发明及应用、成果的转化和推广等，拓宽研究人才的发展通道。如果能够将科技成果在市场上的价值及应用的实际效果作为评价标准，会大大地缓解成果应用研究问题。因为实际应用问题不仅耗时耗力，还在文章、专利发表方面有一定的难度，采取实际应用效果的评价方式，会为应用研究和技术开发人才拓宽发展道路。

对从事应用研究、技术开发、成果转化类工作人才的评价，应该注重新技术、新产品、新材料、新设备等成果的应用，以及问题解决方案等一些标志性的成果，明确解决民生改善、制约产业创新及社会取得进步等关键技术成果。重大创新的新产品和高端的产业应该形成具有核心的自主产权，促进科技成果的商品化、资本化、产业化等，在作用及效益上有一定的促进作用。

（四）社会公益研究人才评价

对社会公益研究人才的评价应该突出行业的特点及特色，重点就是对服务公共管理、应对突发事件、社会安全等方面实行技术开发，避免设立硬性的经济效益要求，优化社会公益研究人才评价指标。此外，社会公益研究人才应将成果应用的效益、科技的满意程度及社会效益作为评价指标，积极帮助长期工作在艰苦地区、从事危险职业、在基层一线工作等的人才发展。关于评价方式进行社会化，对行业用户及服务对象所提出的建议要认真听取，注重政府及社会评价。根据不同的科技项目、不同的服务类型确定不同的评价周期，确定评价周期时应该保证合理性。

评价人才过程中，应该克服科技人才评价方式单一的问题，根据不同科技人才类型，采用不同的评价方式，这样可以确保人才评价结果的准确有效。评价人才品德时，应该采用民主测评、谈话了解等方式，注重他人评价及个人评价，将正向评价及反向评价相结合，并注重爱国情怀，降低学术风险行为。在基础研究人才评价体系中可以采取网络评审、视频审核等信息化的手段，还可以设置匿名评价制度，根据实际工作能力及业绩进行评价，评价重点在于学术领域获得同行认可。在应用研究和技术开发人才评价方面采取实地调查及评估的方式，还可以对产业化程度、经济效益及产品的开发情况等进行评价，这些评价手段可以充分体现成果及技术应用评价权重，对于社会公益研究、科技管理服务及实验技术领域的人才可以采取专家评估、调查等方式进行评价，同时支持委托第三方进行社会评价。评价综合性科技人才时，应根据用人单位的活动及岗位特点进行评价，不管什么类型的人才都可以采用基础评价标准、评价方式进行评价。

改革管理机制在于发挥用人单位和市场的主体作用，对用人主体放权，支持用人单位结合自身功能、定位和发展方向开展对人才的评价及聘用工作。这样可以提高人才在评价过程中的话语权。此外，应注重市场评价结果，重视人才研究成果在市场实践中的反馈结果，以市场的认可度来衡量、规划人才；还应该向专业的组织放权，通过对行业主管、部门放权，利用委托或者购买服务等方式，大力发展第三方机构。强化对职责的监督，建立失信人才档案和制定相关制度。对科研态度不端正的人才等实行"一票否决",其在一定时间内,不可以获得奖励及申报政府科技项目。

对"唯学历、唯职称、唯论文、唯奖项"的四唯倾向进行清理,提高科技人才服务水平,确保科技人才评价结果得以运用,并加强科技人才评价结果的共享,避免重复评价人才,充分疏通科技人才评价渠道,规范人才评价步骤,评价时要公正、公开,积极接受群众、社会的监督。

二、形成合力:构建行业特色的人才评价体系

人才评价是发现人才的重要方式及人才创业的重要导向。近年来,我国不断创新人才评价机制,建立以创新能力、质量和贡献为评价标准的行业特色人才评价体系,形成并实施有利于科技创新人才发展的评价制度,激发创新人才的创业活力,在科技创新领域大放异彩。

习近平在党的二十大报告中提出评价体系建设要求,其中要求行业加快构建中国特色行业人才评价体系、学术体系、话语体系,培育壮大特色行业人才队伍。人才评价是人才发展体制的重要组成部分,也是人才工作的基础性内容。构建中国特色行业人才评价体系,充分发挥人才评价的"指挥棒"作用,才能实现科学准确识才辨才,培育特色行业人才队伍。

(一)坚持人民至上,树立为人民做学问的评价导向

为什么人服务的问题是特色行业人才研究的根本性、原则性问题。我们的党是全心全意为人民服务的党,我们的国家是人民当家作主的国家,党和国家一切工作的出发点和落脚点在于保障广大人民根本利益。我国特色行业人才在技术研究中要坚持以人民为中心,构建中国特色人才评价体系。在研究中必须紧紧围绕来自人民、为了人民、造福人民的根本要求,始终坚守人民立场,把好工作导向。人才评价对人才发展具有重要的引领示范作用,在研究过程中充分体现为人民服务的研究重点,用鲜明的评价导向引领人才研究导向。着力解决特色行业人才评价与实际效果脱节的问题,对人才领域出

现的盲目追逐热点、闭门造车、坐而论道等问题加以甄别，真正遴选出那些把研究目标放在人民群众身上、自觉构建中国自主知识体系、以创新理论解决中国实际问题的人才。通过人才评价"指挥棒"的指引和带动，引导特色行业人才工作者积极培养深入基层、深入一线调研，接地气、通下情的踏实作风；引导特色行业人才工作者努力以优秀研究成果回应人民关切，形成人民所喜爱、所认同、所拥有的理论成果。

（二）突出战略导向，着力服务党和国家重大需求

建设具备行业特色的人才评价体系是党和人民的重要事业，同时也是中国共产党和人民重要的战略目标。中国特色行业人才评价体系将党领导人民独立自主探索的中国道路作为建设基础，坚持为党和人民事业服务。中国共产党自成立之日起就注重鉴别和吸收各方面先进知识分子，为建设、改革各项事业提供坚实的人才基础。特色行业人才评价体系建设要紧紧围绕服务党和国家战略需要这一中心任务，进一步强化人才引领驱动，努力为推进中国式现代化凝聚大批优秀人才。着力解决人才评价和人才使用脱节的问题，注重国家重大人才计划、重点项目的评价，突出党和国家建设需求，聚焦关键领域、明确战略发展重点；职称评审、职业技能评价等在评价时要突出实践性、应用性，从事业发展的实际需要出发，努力做到以评适用、以用促评，做到以人才引领发展，构建具有中国特色的行业人才评价体系，服务于中国特色社会主义事业。通过人才评价的"指挥棒"，引导人才胸怀"国之大者"思维，积极将个人学术追求同国家和民族发展紧紧联系在一起，自觉以回答中国之问、世界之问、人民之问、时代之问为学术己任，以彰显中国之路、中国之治、中国之理为思想追求，在研究关于党和国家全局性、根本性、关键性的重大问题上拿出真本事、取得好成果。因此，建设完善的特色行业人才评价体系主要通过以下几个方面来体现。

1. 壮大专业技术人才队伍

专业技术人才是人才队伍的骨干力量，在构建新时代高质量发展新格局中发挥着重要作用。未来技术人才发展时要全面深化制度改革，多措并举强

第十节 基于政策要求、产业发展导向的创新型科技人才评价发展趋势

化各类专业技术人才队伍建设。

畅通"绿色通道",破除申报职称对论文、学历、资历的硬性要求,对在技术创新、技术推广、标准制定等做出贡献的人员,开通职称评审绿色通道。此外,为专业技术人才开辟特色评价体系,并探索特色行业人才评价新途径。

2. 加强技能人才队伍建设

自国家实行技术人才评价制度改革以来,国家全面推进职业技能等级认定工作,加强技能评价载体建设,完善技能人才激励机制。

企业发挥评价主体作用,实施定级评价和晋级评价制度,我国累计107家企业完成评价机构备案,94家企业开展技能等级认定,共发证3.5万人,其中高级工以上占比超20%。

探索技能评价应用机制,建立与职业薪酬、岗位聘任相衔接的职业技能等级制度,进一步拓展技能型员工职业发展通道,有效稳定企业用工。

强化以赛促进效果,打造职业技能竞赛品牌,降低参赛门槛,推动技能人才以竞赛模式强化技能、促进创新。

"破四唯"不能一破了之,有破必须有立。目前,我国多元化人才评价体系基本确立,但分类评价标准的科学性、评价手段的多样化和实绩导向性仍需进一步加强。实现精准高效识别人才,关键是在弱化"四唯"标准的基础上"立新标",构筑以创新价值、能力、贡献为导向的综合人才评价体系。

3. 让人才评价紧贴发展需求

分类确立评价标准。结合产业发展需求,根据人才所在的行业、岗位和层次,科学设定不同人才评价要求,突出人才评价标准的差异性、精准性、实用性和动态性,推动人才链与产业链、发展链高效匹配、深度融合。

将评价权力交给用人主体。加快扩大职业技能等级认定覆盖面,支持符合条件的行业协会、企业开展自主评价,实现"谁用人谁评价、谁发证谁负责"。

发挥市场评价作用。进一步引入并完善企业、行业协会、专家人才等多元市场评价主体,创新高层次人才举荐工作,通过行业"伯乐"相才荐才的方式选拔优秀人才。了解并帮助人才在适合领域中发展,助力偏才、专才等

急需紧缺人才脱颖而出。

4. 让人才评价以实绩论英雄

在弱化"四唯"的基础上，建立以业绩和实际贡献为指标的综合评价体系，这样更加有利于人才的成长和培养。

建设专业技术人才评价体系时，要鼓励以创新成果为人才评价导向，将解决重大学科问题或生产实践问题、科技成果转化、获得专利等能力作为重要人才评价指标。

对于技能人才的评价，要鼓励以应用成果为人才评价导向，全面考察职业品德，注重岗位工作实绩，强化生产服务成果等实际贡献。同时，要注重用人主体人才评价结果的运用，体现人才评价在人才开发中的促进作用。

5. 让人才评价方式更多样

结合不同类型人才特点，科学灵活采用多样化的评价手段，切实提高人才评价的适用性。

针对创新专业技术人才的评价，需要结合行业特点增加实操测试等评价环节；评价工艺美术类人才时，应在原有材料评审基础上增加作品展示、面试答辩环节；评价乡村工匠农业人才时，应采用专家实地考察和现场答辩相结合的方式进行。

（三）突出创新知识，转化知识流动促进评价发展

评价科技人才时，创新能力、创新知识也是一项重要的评价指标，创新相关内容的评价主要涉及四个方面。

第一，评价科技人才是否具有创新产出，不仅要评价体现新知识、新想法的论文数量和专利数量，更要有用新知识、新想法是否转化为新产品、服务或工艺流程等评价指标。建议构建特色人才评价体系，并针对不同维度分别采用科学、可操作、具体的评价指标，其中涉及人才评价的两个维度。维度一：基础研究，以知识创造为主要内容，即创造出新知识和新想法，其评价指标是论文发表的数量和专利数量。维度二：知识流动，以创新成果转化为新产品、新服务和新技术为主要内容，即理论创新向经济和社会发展需求

第十节 基于政策要求、产业发展导向的创新型科技人才评价发展趋势

的流动，其指标为新产品、新服务和新技术的数量。提高科研成果转化率，激励更具现实意义的基础研究将会带动人才研究水平和研究能力的快速上升。

第二，创新过程是一个高度复杂的过程，科研团队所带来的知识流动对于创新具有决定性作用。知识在创新团队内部成员间的转移、流动中不断增值，实现资源互补、协同发展。因此，顺畅的团队协作与良好的团队文化均能促进团队形成强大凝聚力，增加有效产出。其中，涉及创新人才培养，以科研合作网络的建立为主要目标，就可以形成短期或长期科研网络合作和团队，这些网络平台人才评价指标主要为科研合作网络的密切程度和结构特征，强调人才的团队组织领导能力、规划决策能力及沟通协调能力。

第三，关注各创新成果之间的非线性关系。知识创造虽然是技术、产品和服务等转化的基础，但是它们之间的关系属于非线性关系。理论创新物化体系的出现基于多个基础性研究，许多技术产品是经过多次知识创新研究而成的。纵观人类发展史，一些技术具有明显的自我组织、自我催化作用，这也意味着某些关键技术的创新将大大推进其他技术的创新进程，并且更容易与其他领域技术有机结合，从而扩大创新规模，加速创新过程。例如，1765年，蒸汽机的发明促进了火车、轮船、汽车等许多以蒸汽为动力系统的技术发展，计算机编程语言更促进了成千上万软件、应用的发明。所以，我们不但要评价创新所产生的直接成果、间接成果，还要系统评价各个创新成果之间的非线性关系。

第十一节
研究结论与展望

一、研究结论

国家与国家之间的竞争、民族与民族之间的竞争、企业与企业之间的竞争往往都体现在科技竞争中，而推动科技进步的主体就是创新型科技人才。本书分析了创新型科技人才的定义、创新型科技人才的特征、创新型科技人才的分类、科技人才的评价变迁、不同类型科技人才的评价方式及科技人才评价指标的构成、体系构建等。

第一，界定创新型科技人才概念。根据创新型科技人才的职业类型，将创新型科技人才分为专业技术、技术技能、社会生产生活服务三种类型，并分析不同类型科技人才的特征。

第二，对我国的人才评价成果进行阐述，从科技层次的理论研究到技术层次的实践研究，更加深入研究创新型科技人才评价理论。

第三，不同国家对创新型科技人才评价不同，在国际视角下，从人才评价的起源到对创新型科技人才评价体系的构建，都体现出创新型科技人才体系的进步。1994年至2020年，人才评价的政策不断变迁，突出了对科技人才评价体系构建的不断完善，人才评价制度也越来越规范化、社会化。

第四，为了进一步构建科技人才评价体系，按照科研活动所处的环节及不同分工，将创新型科技人才分为三个大类进行分析。按照文献研究和专家访谈的方法对人才评价的指标进行收集，并将知识、能力、业绩、贡献及潜力五个方面的指标划分为二级指标，运用模糊综合模型进一步验证。

第五，自破除"唯学历、唯论文、唯职称、唯奖项"四唯要求提出后，人才评价机制实现进一步改革，不断总结创新型科技人才评价过程中出现的问题，并保障改革措施顺利实施。本书分析了上海、深圳、南京、四川、湖北、山东六个地区的人才评价政策，其构建多元化的科技人才评价机制，提升科技人才评价的规范水平，并加快科技人才评价数字化建设。

二、研究启示与建议

第一，人才评价体系具有指挥和充当风向标的作用。我国的科技人才的评价一直存在某些问题，如评价标准不科学、评价社会程度不够高等，项目、经费、论文的数量、专利的数量等指标赋分较大，导致科技人才评价不准确。"唯学历、唯论文、唯职称、唯奖项"的四唯情况较为突出，因此，出现了专利数量较多但是质量不达标以及市场接受程度低的情况；论文的数量较多，但是质量不高，原创性的论文数量少等问题。评价人才的时候，可以发挥市场力量对人才进行评价，这样可以对科技成果进行多个角度的分析，如原创性、科学价值、经济价值、社会效益等。

第二，按照创新能力、质量、实效、贡献等人才评价体系进行分类，这样可以建立与科技活动属性相适应的体系。按照"干什么工作评什么"来设置合适的动态机制，不同领域、不同岗位都鼓励科技人才做出贡献。为了避免对不同领域及不同成长阶段的科技人才用"一把尺子进行测量"，对基础研究类的人才，主要采取以同行学术评价为主进行评价，了解评价提出的科学问题、原创能力、成果科学价值及学术水平的影响等。对应用研究和技术开发的人才，主要突出市场评价；对技术创新能力及集成能力的评价，对取得自主知识产权及获得重大技术突破的能力的评价等，更加注重其实际贡献。不仅要对从事社会公益研究方面、科技管理服务及实验技术方面的人才主要采取用户及社会评价，还要对考核工作的服务质量及工作实际效率等进行评价考核，同时进一步加强科研人才的精神、道德评价考核。

第三，对评价体系的导向进行整体优化，并改进科技人才评价方式。改变评价周期，对科技人才的评价周期进行合理规划，采取长期评价和短期评价相结合的评价方式，克服评价考核过于频繁的倾向，适当延长对基础研究人才及青少年人才的评价周期。评价人才时，打破户籍、地区、身份等限制，改善非公有制经济组织所具有的科技人才评定模式，改变科技人才评定程序、流程，避免出现繁复、重复内容，减轻人才负担。此外，评价人才的时候，应遵循公正、公开、公平原则，提升人才评价质量及公信力，建立专家责任、信誉制度。

三、研究展望

在科技人才评价体系改革提出及在"破四唯"的背景下，本书对于科技人才评价相关问题的研究具有一定研究意义。由于水平、经验及数据收集的约束，本书还存在一定的不足，所以为后续的研究提出以下建议。

第一，应该扩大研究对象的范围。研究过程中，存在样本较少、采用文献研究的方式参考数据较少等问题，下一步可以对研究内容进行适当的扩充，有利于对科技人才进行分类评价，进一步提升评价体系的科学性、有效性。

第二，人才评价的指标体系需要进一步完善。类型上，构建人才评价的指标体系时没有包含从事服务及管理等的人才，下一步的研究可以针对这些方面的人才评价体系进行扩展。内容上，某些评价指标不够精细和完善，今后的研究中要针对不同类型的人才和特点，探索更详细的指标。

第三，探索评价方式。人才评价的方式与不同类型的人才有所关联，可以尝试多元化的评价方式，利用大数据、用户画像、区块链等内容实现信息技术使用。实现科技人才评价智能化，以人工智能的形式与传统的人才评价形式相结合，探索出更多评价方式，提高科技人才评价的准确性。

参 考 文 献

[1] 徐辉,李玲娟,曾明彬,等.我国高科技园区创新人才培养研究[J].科技进步与对策,2017,34(22):142-146.
[2] 赵传江.创新型人才的个性特点探析[J].教育理论与实践,2002,22(09):16-17.
[3] 王广民,林泽炎.创新型科技人才的典型特质及培育政策建议——基于84名创新型科技人才的实证分析[J].科技进步与对策,2008(07):186-189.
[4] 王亚斌,罗瑾琏,李香梅.创新型人才特质与评价维度研究[J].科技管理研究,2009,29(11):318-320.
[5] 周昌忠.创造心理学[M].北京:中国青年出版社,1983.
[6] 张敏.创新型科技人才素质培养研究[J].科技与创新导报,2007(10):77-80.
[7] 胡豫.人才分类评价的多元思考与实践[J].中国人才,2020(06):54-57.
[8] 杨月坤.创新型科技人才多元评价系统的构建与实施[J].经济论坛,2018(11):90-95.
[9] Darwin, C. R. On the Origin of Species by Means of Natural Selection, or the Preservation of Favored Races in the Struggle for Life John Murray. London:[出版者不详],1859.
[10] 埃里克·S.赖纳特.富国为什么富,穷国为什么穷[M].杨虎涛,等,译.北京:中国人民大学出版社,2013.
[11] 俞宗火,戴海崎.中国大学生艾森克人格问卷测试因素结构之探讨[J].心理学探新,2005(01):58-63.
[12] 霍华德·加德纳.重构多元智能[M].沈致襄,译.北京:中国人民大学出版社,2008.
[13] R.J.斯腾伯格.成功智力[M].吴国宏,钱文,译,上海:华东师范大学出版社,1999.
[14] Turner, R. Keegan, A. Mechanisms of Governance in the Project—Based Organization: Roles of the Broker and Steward[J]. European Management Journal,2014,19(3):254-267.
[15] David Development A. Wolfe. Social Capital and Clusterin Learning Regions[C]. Program on Globalization and Regional Innovation Systems Centre for International Studies,2000:154-180.
[16] 赵定涛.麦克斯韦:经典物理学的巨匠,现代物理学的先师[J].自然辩证法通讯,1993,15(01):67-78.
[17] 苏英,赵兰香,吴灼亮,等.美国创新政策的演变及其启示[J].科学学与科学技术管理,2006(06):70-74.
[18] 谢萍,石磊.英国创新创业教育的现状及其启示[J].世界教育信息,2018,31(14):42-47+51.
[19] David C. McClelland. Testing for Competency Rather than for "Intelligence"[J]. American

Psychologist，1973（1）.
[20] Liu Zeshuang, Yan Fuqiang, LI Jing. Based Similar Distance Vector Algorithm Immune Genetic Characteristics of the Creative Talents Genetic Selection［C］. 2009 Second International Conference on Education Technology and Training. Washington:［出版者不详］, 2009。
[21] 刘泽双, 薛惠锋. 创新人才概念内涵述评［J］. 人才资源开发, 2005（04）: 8-9.
[22] 刘泽双, 薛惠锋. 创新人才开发的绩效测度［J］. 西安电子科技大学学报（社会科学版）, 2006（03）: 7-12.
[23] 陈永光. 卫生人才综合测评指标体系的研讨［J］. 厦门科技, 2003（02）: 14-17.
[24] 智能制造技术人才的培养与发展研究. 工业和信息化部人才交流中心. 2019.
[25] 娄伟, 李萌. 我国科技人才创新能力的政策激励［J］. 科学学与科学技术管理, 2006（11）: 135-141.
[26] Peter F. Drucker. Landmarks of Tomorrow［M］. Transaction Publishers, 1957.
[27] 徐世勇, 许向阳. 科技工作者的工作压力状况研究——非公有制企业与民办非企业单位的调查［J］. 管理现代化, 2004（06）: 18-20.
[28] 中国科学技术协会. 第四次全国科技工作者状况调查报告［EB/OL］.［2023-06-02］. https://www.cast.org.cn/col/coll02/index.html.
[29] 习近平. 坚持实事求是的思想路线［N］. 学习时报, 2012-05-28（1）.
[30] 国务院. 国务院关于印发《中国制造2025》的通知: 国发〔2015〕28号［EB/OL］.（2015-05-08）［2023-08-20］. http://www.gov.cn/zhengce/content/2015/05/19/content_9784.htm.
[31] 胡峰, 吴文霞, 黄耀敏. 绩效管理新进展: 关于OKR理论的文献述评［J］. 区域治理, 2020（03）: 53-55.
[32] 贾晓鹏. 360度绩效考核理论初探［J］. 文存阅刊, 2017（5）: 127.
[33] KPI-MBA智库百科［EB/OL］.（2008-01-01）［2023-04-02］. https://wiki.mbalib.com/wiki/%e5%85%b3%e9%94%ae%e7%b-b%a9%e6%95%88%e6%8c%87%e6%a0%87.
[34] 李阳天. 基于EVA-BSC的混合所有制改革企业业绩评价研究——以保利联合为例［D］. 昆明: 云南财经大学, 2021.
[35] 阳艺武. 基于知识图谱的我国竞技体育后备人才培养研究热点及演化［J］. 上海体育学院学报, 2015, 39（02）: 73-79.
[36] 王鲁捷. 工商管理专业创新型管理人才培养模式实践研究［J］. 中国高教研究, 2003（3）.
[37] 贺德方. 基于知识网络的科技人才动态评价模式研究［J］. 中国软科学, 2005（06）: 47-53.
[38] 胡瑞卿, 张岳恒. 科技人才合理流动程度的模糊层次主成分分析测评研究［J］. 科学学与科学技术管理, 2008（08）: 189-193.
[39] 桂邵明. 应当建立一门经济学［M］. 北京: 中国财政经济出版社, 2021.
[40] 罗洪铁. 人才学原理［M］. 北京: 人民出版社, 2007.